수학에세이 I

민경우 지음

Magic House
마 법 의 책 공 장

수학에세이 I

초판 1쇄 인쇄 2020년 2월 27일
초판 1쇄 발행 2020년 3월 6일

지 은 이 민경우
디 자 인 박애리
펴 낸 이 백승대
펴 낸 곳 매직하우스

출판등록 2007년 9월 27일 제313-2007-000193
주　　소 서울시 마포구 모래내로7길 38 서원빌딩 605호(성산동)
전　　화 02) 323-8921
팩　　스 02) 323-8920
이 메 일 magicsina@naver.com
I S B N 978-89-93342-94-9

*책값은 표지 뒤쪽에 있습니다.
*파본은 본사와 구입하신 서점에서 교환해드립니다.

수학에세이 I

들어가며

수학은 사물을 일반적으로 다룬다. 코끼리, 사자, 하이에나가 있다면 이들 모두를 아프리카 동물 또는 그저 x로 처리한다. 수학의 본질이 그러한 만큼 추상적이고 보편적으로 사물을 다루는 것은 불가피하고 꼭 필요한 일이다.

그러나 수학 또한 오랜 세월 많은 사람들의 노력과 체험을 집약한 것이다. 특히 수학을 배우는 입장에서는 일반적인 수학적 정리보다 그렇게 정의한 배경과 과정을 이해하는 것이 매우 중요하다.

필자는 오랫동안 초중고등 학생들에게 수학을 가르쳐 왔다. 새로운 수학적 사실을 배울 때마다 수학적 배경이나 역사를 소개하는데 많은 시간을 할애한다. 그리고 그 과정에서 교사와 학생 모두 많이 성장한다. 이 책은 수학적 배경과 역사를 통해 수학을 더 깊이 이해하자는 취지에서 쓰여진 가벼운 에세이물이다.

수학사나 수학에세이를 다룬 책들은 많이 있다. 그런 책들과 이 책이 다룬 이유는 필자의 주관성이 많이 들어 있는 점이다. 필자는 수학도 쟁점이 분명하고 논쟁적이어야 한다고 본다. 단순히 수학사나 배경 설명을 하고자 했다면 시중에 나와있는 해당 도서를 추천하는 것이 좋을 것이다. 이 책의 존재 의의는 시중 책에는 잘 나오지 않는 다소 이색적인 담론을 담고 있다는 점이다. 책의 이름을 에세이라고 붙인 이유도 그러하다.

　　학교수학, 입시수학은 너무 딱딱하다. 너무 반드시 그러하다는 세계에 묶여 있다. 수학의 발전 과정을 보면 기존 시대의 고정 관념을 깨는 자유로운 비약과 상상에서 더 의미있는 진전이 있었다. 조금 틀리더라도 흥미있는 이야기를 하는 것이 이 책의 기조이다.

2020년 2월 7일

민경우

차
례

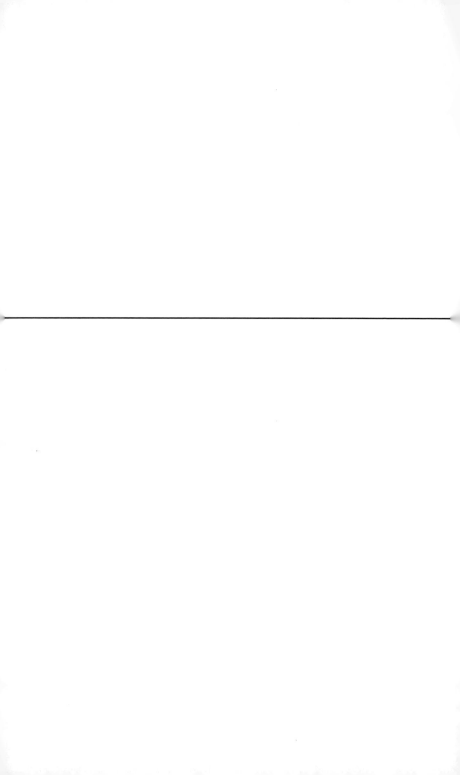

01

수

자연수의 기원, 눈

눈

자연수의 영자 표기는 natural number이고 한자로는 自然數이다. 자연수에 '자연'이라는 이름이 붙은 이유는 자연수가 당연히 있어야 할 수 또는 원래부터 있던 수라는 의미일 것이다. 모든 것이 그런 것처럼 자연수에도 자연수가 태어난 역사적 기원이 있다. 다름 아닌 우리의 눈이다.

사자 무리가 들소 떼를 쫓는다. 사자 무리는 들소 떼 전체를 공격하는 듯 하지만 들소 떼 중 한 마리를 떼어 내는 것이 목표이다. 들소 떼가 우왕좌왕하는 사이 무리에서 한 마리가 이탈하는 순간을 기다리고 있는 것이다. 힘에 부친 들소 한 마리가 무리에서 이탈하면 사자 무리 전체가 힘을 합쳐 들소 한 마리를 공격한다. 사자의 이런 행동에 비춰 보면 사자도 자연수를 안다고 볼 수 있을까?

가젤 무리가 떼를 지어 강을 건넌다. 나일 악어의 입장에서는 배불리 먹을 좋은 기회이다. 악어는 가젤 한 마리를 겨냥해 가젤의 다리를 물고 물속으로 끌고 들어간다. 가젤의 다리를 물었지만 가젤 다리는 정확히 가젤 한 마리와 연결되어 있다. 악어의 행동도 자연수와 연관이 있을까?

사자와 악어가 세상을 보는 것과는 다른 상황을 생각해 볼 수 있다. 전염병이 돌면 인천공항은 경계태세에 들어간다. 정체불명의 바이러스가 사람과 함께 들어올 가능성이 있기 때문이다. 공항을 오가는 사람 모두를 일일이 점검할 수 없다. 이 경우 방역 당국은 적외선 카메라를 통해 사람들의 열을 체크한다. 바이러스가 잠복한 사람은 다른 사람에 비해 열이 높기 때문이다.

적외선 카메라에서 본 사람은 눈으로 본 사람과는 다소 다르게 보인다. 열이 높은 심장 부위가 도드라져 보이고 상대적으로 열이 낮은 다른 부위는 주변 사물과 잘 구분되지 않을 수 있다. 악어에 물린 가젤의 다리가 정확히 다른 가젤과 구분되는 것과는 다른 상황이다. 뱀은 사자와 악어와 달리 위 적외선 카메라처럼 세상을 본다. 뱀의 입장에서 본다면 세상은 자연수처럼 보이지 않을 것이다.

눈의 출현

　우리는 사물을 하나둘씩 구분하여 판단하곤 한다. 학교 건물이 있고 나무 한 그루가 있으며 네모난 책상이 있다. 사물은 하나 하나씩 자신의 모습을 드러낸다. 이런 식으로 세상을 보는 것은 눈 때문이다.

　46억 년 전 태양계가 만들어지고 35억 년 전 바다에서 최초의 생명체가 태어났다. 그로부터 5억 년까지 약 30억 년간 생명체의 역사에는 별다른 일이 없었다. 바다 밑바닥에는 해면동물 같은 것들이 흩어져 있었고 이들은 변변한 껍질도 없이 연한 피부를 그대로 드러내 놓고 있었다. 어찌어찌하여 바닷물에 실려 음식물이 들어오면 그걸 먹는 식이었다.

　5억 년 전 생명체의 역사에 획기적인 전환점이 생긴다. 이로부터 생명체가 폭발적으로 늘어나기 시작한다. 현재 지구에는 온갖 동식물로 가득하다. 이들 동식물들이 전 기간에 걸쳐 꾸준히 늘어난 것이 아니다. 35억~5억 년까지 느리고 지루한 역사가 있었고 지금 지구상에 존재하는 대부분의 생명체들은 5억 년 전 눈의 발생과 함께 한꺼번에 폭발적으로 늘어난 것이다. 이를 캄브리아기 대폭발이라고 한다.

눈의 출현은 세상을 완전히 갈라 놓았다. 이제 동물들은 먹잇감을 조준하여 사냥하기 시작한다. 바다 밑바닥에 변변한 방어 장치도 없이 늘어 서 있는 생명체가 있다면 그저 손쉬운 먹잇감이다. 공격하는 입장에서 눈을 갖고 있다는 것은 최첨단 무기로 무장한 것과 다름없었다. 이들은 손쉽게 세상을 장악했다. 세상이 변화하는 정도에 맞게 방어하는 입장에서도 태세를 갖춰야 한다. 그들은 단단한 껍질로 무장하고 재빨리 숨을 수 있는 방법을 찾아야 한다. 느리고 지루하던 세상은 눈이 출현하면서 급격히 변화하기 시작한다.

사자나 악어가 들소나 가젤을 공격하는 장면은 5억년 전 눈이 출현하면서 바닷속에 생겨난 거대한 변화의 연장선하에 있다. 사자와 악어는 정확히 들소와 가젤 한 마리를 정조준하여 사냥한다.

사물을 주변 환경과 분리하여 하나 둘 씩 보는 것은 자연수와 어울린다. 자연수는 원래부터 있었던 당연한 수가 아니라 5억년 전 눈의 출현과 연관된 역사적 기원을 갖고 있다.

손가락

셈

아기들이 무언가를 세는 장면을 보면 좋겠다. 아기들은 자기 손가락을 꼼꼼히 지켜 보고 애써 하나씩 손가락을 꼽아 가며 무언가를 센다. 아기들이 손가락을 통해 무언가를 세는 장면처럼 손가락을 통한 셈은 우리 말에 깊은 흔적을 남겼다. 하나, 둘, 셋, 넷, 다섯할 때 다섯은 손가락을 닫다와 어원이 같다. 여섯, 일곱, 여덟, 아홉, 열할 때의 열은 열다와 어원이 같다.

모든 문명권에서 그러하다. 손가락셈을 할 수 있는가 없는가는 문명을 가르는 척도 중 하나였을 정도로 손가락은 셈의 역사에서 결정적인 역할을 했다.

먼 옛날로 가보자. 중동 지역에 양 7마리를 기르는 목동이 있다. 목동은 매일 아침 양 7마리를 축사에서 나오게 한 뒤 낮 시간 동안 신선한 풀을 먹인 후 다시 축사로

안전하게 돌아와야 한다. 이때 무엇보다 중요한 것은 한 마리라도 양을 잃어버리지 않는 것이다. 도대체 목동은 어떻게 양 7마리를 관리했을까?

양 한 마리가 축사를 나올 때마다 목동은 준비된 항아리에 돌 한 개를 집어넣는다. 다시 양 한 마리가 빠져나오면 다시 돌 한 개를 집어넣는다. 이렇게 7마리의 양이 모두 빠져나오면 항아리 안에는 7개의 돌이 남는다. 7마리의 양은 항아리 안에 든 돌멩이 7개와 같다. 여기서 주목할 점은 7이라는 숫자가 아직은 필요 없다는 점이다.

오랜 시간이 흘렀다. 사람들은 양 7마리를 항아리 안의 돌멩이 7개에 대응시키는 것보다 간략히 처리할 수 있는 방법을 찾아냈다. 진흙을 구워 말린 점토판에 금을 긋는 것으로 항아리 안에 돌멩이를 집어넣는 것을 대체하는 것이다. 이제 돌멩이 하나는 가로나 세로로 그은 금 하나로 대체되었다. 그리고 시간이 지남에 따라 가로나 세로로 그은 금은 숫자로 발전한다.

양 7마리가 항아리 안의 돌멩이, 점토판 위의 눈금으로 대체될 수 있다면 안성맞춤한 도구가 있다. 언제 어디서나 휴대가 가능하고 섬세한 근육을 통해 자유로운 동작이 가능한 손가락이다.

‘항아리 안의 돌멩이–점토판의 눈금–손가락 하나 하나’는 모두 양 7마리에 대응한다. 이제 사람들은 손가락을 꼽는 동작에 이름을 붙이기 시작한다. 하나 둘 셋, 영어라면 one two three이다. 하나 둘이나 one two나 궁극적인 측면에 보면 풀밭에서 한가로이 풀을 뜯고 있는 양의 마리수와 대응한다.

세는 것은 어려운 일이다. 돌멩이의 힘을 빌어 간신히 셈을 하던 인류는 손가락의 힘을 빌어 단숨에 5, 6으로 도약한다. 우리는 매일 그 과정을 반복한다. 돌멩이가 다음 그림처럼 흩어져 있다. 고도로 문명화된 지금도 돌멩이가 몇 개인지는 한눈에 알기 어렵다. 그런데 다음 그림처럼 다섯 개, 열 개씩 묶어 놓으면 돌멩이 숫자가 한눈에 보인다. 13이다. 기묘한 것은 돌멩이 개수가 같더라도 이를 4개씩 묶으면 셈을 하는데 다소 오래 걸린다는 점이다.

5개씩 묶어 세는 것이 빠른 이유는 오랜 기간 손가락

셈을 했던 우리의 경험 때문이다. 즉 5개씩 묶어 셈하던 우리의 경험이 5개씩 세는 것을 편하게 느끼도록 발전했기 때문이다.

눈이 그런 것처럼 인류는 손가락을 이용해 수학을 발전시켰다. 손가락은 수학의 인간적 기원을 보여주는 기념비적인 사례이다.

0

없는 것에 대한 개념

수학에서 0은 매우 신비로운 존재이다. 일상 생활에서 0은 불필요한 존재일 수 있다. 과일을 사러 갔는데 마침 과일이 없었다면 우리는 과일을 못사왔다고 하지 과일 0개를 사왔다고는 하지 않는다. 0이 태어나기 위해서는 없는 것을 있다고 하는 독특한 태도가 있어야 한다. 0이 인도에서 태어난 이유가 여기에 있다.

슈냐

오랜 수렵채집 시대가 있었고 1만년 전 쯤에 농사와 목축이 시작되었다. 농사와 목축은 전례없는 부와 인구 증가를 가져왔다. 모두가 평등했던 시대가 지나고 개인과 집단 사이에 차이와 갈등이 벌어지기 시작했다. 이에 대한 해법을 둘러 싸고 다양한 사상과 종교가 태어난다. 이 중 인도는 매우 독특한 해결책을 제시한다.

핵심은 다음의 두 가지이다. 하나는 농경 사회가 만들어낸 풍요가 누군가에 집중된 것, 다른 하나는 그를 둘러싼 다양한 갈등과 충돌이 벌어진 것을 어떻게 볼 것인가에 있다.

불교를 생각해 보면 좋을 듯하다. 불교의 메시지는 욕심과 번뇌를 끊고 마음의 평안을 찾으라는 것이다. 불교에서는 이런 상태를 해탈.열반에 오른다고 하여 신의 경지에 오른 것으로 판단한다. 즉 불교의 해결책은 농경사회가 만들어낸 풍요는 우주의 맥락에서 보면 그냥 헛된 것이고 거기서 파생되는 욕심과 번뇌를 끊어 버리는 것이 올바른 태도라는 것이다.

흔히 우리는 마음을 비웠다는 표현을 쓰곤 한다. 손에 잡힐 듯 여러 가능성이 있다면 사람은 미련을 갖기 쉽지만 여러 가능성이 사라지고 결론이 분명해지면 점차 현실을 받아들이게 된다. 불교는 여기서 더 나아가 그런 상태가 올바른 태도라고 보는 것이다.

인도는 마음을 비운 상태, 아무 것도 남아 있지 않은

상태를 긍정적으로 평가하는 역사적 전통이 있다. '슈냐'라는 개념이 그것이다. 그리고 슈냐와 같은 인도의 역사적 전통 위에서 불교가 출현했다. 필자는 불교를 통해 0의 기원이 되는 슈냐에 대해 우회적으로 설명했다.

0의 효용

0은 수학적으로 몇가지 획기적인 전기를 마련했다. 첫째 위치 기수법에서 자리수가 비어 있는 문제를 해결했다. 가령 한문으로 百一 이라면 자리수가 있기 때문에 십의 자리수가 없더라도 혼동할 위험이 없다. 반면 위치 기수법으로 101을 쓴다면 십의 자리에 십의 자리수가 아무것도 없다는 표시를 해주어야 한다. 둘째는 방정식 풀이에 필요한 도구를 제공했다.

$$x+1=5$$
$$x+1-1=5-1$$

$x+0=4$에서 $1-1=0$이라고 적을 수 있어야 방정식의 자유로운 풀이가 가능해진다.

세 번째는 무언가를 시작하는 출발을 바꾼 점이다. 우리는 1부터 시작하는 오랜 전통을 갖고 있다. 태어난지 6개월된 아기를 우리는 1살이라고 하지 0.5살(1년이 12개월이므로)이라고 하지 않는다. 수 체계는 무언가를 세는 것에서 시작했기 때문이다. 반면 수직선이나 좌표라면 사정이 다르다. 수직선이나 좌표를 그리면 수직선 중앙이나 좌표 원점에 0이 자리하고 있다. 중앙이나 좌표 원점에 0을 두지 않으면 그래프를 그릴 수 없다.

모든 수의 중심 0

0은 초등수학과 고등수학을 가르는 시금석이다. 초등수학의 수학적 대상은 대체로 무언가를 세는 것이다. 무언가를 세는 수를 자연수라고 한다. 자연수를 배운 후 자연수의 연산(사칙연산)을 정의하고 그것의 계산 규칙 등을 배우는 것이다. 따라서 초등수학의 기저에는 1이 있다.

반면 중등수학은 방정식과 함수이다. 방정식과 함수를 자유롭게 사용하기 위해서는 음수와 0이 필요하다. 0과

음수를 포함하여 정수를 수로 생각하면 수의 중심에는 0
이 자리한다. 수직선을 그어 보자. 모든 수는 수직선 위
에 있다. 수직선의 중심에는 당연히 0이 존재한다. 0을
기준으로 하지 않으면 우리는 현대 수학의 꽃인 좌표의
세계에 들어 설 수 없기 때문이다.

지수

곱셈

어머니는 1930년생이었다. 어머니는 은행에 갈 때면 나를 데리고 다니셨다. 당시는 종이에 고객이 입·출금하고자 하는 금액을 써넣어야 했는데 어머니는 그걸 힘들어하셨다. 당연히도 어머니는 분수나 곱하기를 알지 못했다.

아는 만큼 보인다는 말은 수학에도 통한다. 돼지 저금통을 가르면 동전이 수북이 쌓인다. 편의상 37개의 10원짜리 동전이 있다고 하자. 곱셈을 모른다면 이를 일일이 세야 한다. 자칫하면 처음부터 다시 세야 한다. 수학이 고도로 발달한 지금도 동전 37개를 세는 일은 만만치 않은 일이다.

우리는 당연히 동전 10개씩 묶음으로 센다. 동전 10개씩 3묶음하고 낱개 동전 7개 즉 37이다. 곱셈이라는 개념을 갖고 있는 우리는 마음속으로 곱셈을 활용하여 37

개의 동전을 순식간에 센다.

우리는 동전 37개를 곱셈의 힘을 빌어 셀 뿐만 아니라 동전 37개가 대충 어느 정도인지를 체감한다. 이게 쉬운 일이 아니다.

이집트 벽화 '사자의 서'에는 천국과 지옥을 가르는 갈림길에서 심문관이 죽은 자에게 묻는 장면이 있다. 천국과 지옥을 가르는 갈림길이니만큼 질문은 인간에게 매우 중요한 것일 터이다. 심문관은 뜻밖에도 자기 손가락을 셀 줄 아는가를 묻는다. 자기 손가락을 센다? 지금 우리는 이상하게 들릴지 모르지만 역사적으로 손가락 5개를 세는 일은 쉽지 않는 일이었다. 우리 모두가 돌이킬 수 없을 정도로 문명화되어 있어 먼 옛날의 일을 잊은 것뿐이다.

15세기 독일 문헌에는 두 자리 수 곱하기 두 자리는 15세기 독일에서는 배우기 어려우므로 수학 선진국인 이탈리아로 유학가는 것이 좋다는 기록이 남아 있다.

우리는 거듭해서 더하는 것을 곱셈으로 정의한 후 그것을 이용한 무수한 계산을 했다. 이 과정은 우리 뇌에 영향을 미쳤다. 덕분에 우리 모두는 $3 \times 7 = 21$이 됨은 물론 그것의 규모를 실감한다.

그럼 지수도 그러할까?

지수의 체험

신문지를 42번 접으면 어떻게 될까? 핵심은 이것을 계산하는 것을 넘어 그것을 체감할 수 있을까? 답을 보기전에 대충 감을 잡아 보기 바란다.

신문지의 두께는 0.1mm 정도이다. 1mm=10^{-3}m이기 때문에 0.1mm는 10^{-4}m이다. 신문지를 한 번 접으면 두께는 2배, 두 번 접으면 4배, 세 번 접으면 8배씩 커진다. 이렇게 42번을 접으면 신문지의 두께는 $10^{-4} \times 2^{42}$가 된다.

그럼 실제로 $10^{-4} \times 2^{42}$을 계산해 보자. 2^{42}이 얼마나 되는지 판단하는 것이 목표이다. $2^1=2$, $2^2=4 \cdots 2^{10}=1024$이니, $2^{10}=10^3$ 정도로 처리하자.

그럼 $10^{-4} \times 2^{-42}$

$= 10^{-4} \times (2^{10})^4 \times 2^2$

$= 10^{-4} \times (10^3)^4 \times 4$

$$= 4 \times 10^{-4} \times 10^{12}$$

$$= 4 \times 10^8 \text{m로 대충 달까지의 거리이다.}$$

2^{42}를 쓰는 것은 어렵지 않다. 문제는 그것을 체험적으로 활용하고 그 안목에서 세상을 보는가이다.

학교는 일상을 넘어선 세계에서 존재해야 한다

시대가 발전할수록 우리의 일상 또한 그와 함께 발전한다. 손가락을 셀 줄 아는가가 쟁점이 되었던 세계가 있었고 두자리 수 곱셈이 중요한 시대가 있었다. 그러나 지금은 곱하기나 분수 정도는 일상 생활에서 자연스럽게 받아들인다. 일상생활에서 다루는 내용을 굳이 학교에서 반복할 이유는 없다. 학교는 일상을 넘어선 세계에서 존재해야 한다.

그렇게 보면 지수, 루트, 로그를 보다 일찍 받아들일 필요가 있다. 이유는 지수, 루트, 로그를 어떻게 표현하고 계산하는 것을 넘어 그것이 체현하고 있는 무대를 주제로 삼을 수 있기 때문이다.

실수와 허수

음수

자연수에는 '자연'스럽다는 이름이 붙어 있지만 눈이라는 특별한 생물학적 기원을 갖고 있다. 음수에는 0보다 작다라는 뜻이 내포되어 있지만 음수는 플러스와 대비되는 상대적인 개념일 뿐이다. 이들 모두 이름을 잘못 붙인 것이지만 너무 오래되어 교정하는 것이 쉽지 않다. 그럼에도 그것의 기원을 정확히 아는 것은 중요한 일이다.

대표적인 문제가 실수와 허수이다. 실수에는 실제로 존재한다는 명칭이 붙어 있다. 반면 허수에는 가짜 또는 상상의 수라는 명칭이 붙어 있지만 현실은 그렇게 간단치 않다.

허수

$x^2 + x + 1 = 0$을 근의 공식에 대입하면 $x = \dfrac{-1 \pm \sqrt{-3}}{2}$ 이다.(허수는 삼차방정식 풀이 과정에서 출현했지만 여기서는 이차방정식으로 설명한다.) 루트는 $x^2 = 2$에서 기원했기 때문에 $x = \pm\sqrt{2}$ 처럼 $\sqrt{\ }$ 안에 음수가 나올 수 없다.

없으면 만드는 것이 수학이다. 수학자들은 $\sqrt{-3} = \sqrt{3}\,i$ 라 쓰고 여기에 허수라고 이름을 붙였다. 이 과정은 음수의 출현과 동일한 것이다.

$x+1=3$

$x=3-1$에서 1과 3을 바꾸면

$x+3=1$이 되는데 이를 위 식을 '형식'만 그대로 모방하여 $x=1-3$이라고 쓴 후 $1-3=-2$라고 정의하는 것이다.

동일한 작업을 $x^2 = 2$, $x = \pm\sqrt{2}$에서도 할 수 있다.

$x^2 = -2$에서 앞의 식을 형식적으로 모방하여 $x = \pm\sqrt{-2}$ 라고 쓴 후 $\sqrt{-2} = \sqrt{2}\,i$ 라고 정의하면 된다.

음수와 허수의 쓰임새에 대해 의문을 가질 수 있다. 만약 음수가 없다면 앞에서 봤던 것처럼 우리는 초보적인 1차 방정식조차 자유롭게 풀 수 없다. 같은 맥락에서 허수는 양자역학을 설명하는 슈뢰딩거의 파동방정식에 등장한다. 허수가 없다면 현대 물리학의 핵심인 양자역학을 설명할 수 없다. 따라서 허수가 상상의 수라는 것은 잘못된 명칭이다. 정확히 말한다면 자연수를 포함하여 모든 수는 인간이 만든 수이다.

실수

이제 실수에 대해 말해 보자. 실수를 이해하기 위해서는 먼저 수직선을 알아야 한다. 수직선 또한 수학적 도구이다. 수를 설명하는 전통적인 도구는 돌멩이이거나 그림이다. 지금도 우리는 그렇게 한다. 3을 설명할 때 돌멩이 3개와 연관을 짓는다. 지금은 거의 사용하지 않지만 고대 그리스인들이 생각하는 수 3은 단위 길이가 3인 직선을 의미했다. 현재 우리는 수를 수직선 위에서 설명한다. 그래서 직선 앞에 '수'라는 이름이 붙어 있는 것이다.

모든 수(실수)는 수직선 상의 한 점일 뿐이다. 수직선을 직교로 늘어놓으면 x축과 y축을 가진 직교 좌표가 된다. 수직선과 직교좌표 위에서 벌어지는 장편 대하소설이 함수와 미적분이다.

미분은 어떤 시점에서의 속도를 다룬다. 어떤 점에서의 속도는 시간 간격이 점점 작아질 때 또는 극히 작을 때의 속도로 정의되어 있다. 1초에서의 속도를 구하려면 1~2, 1~1.5, 1~1.25와 같이 시간 간격을 좁혔을 때 나타나는 어떤 수치를 1초일 때의 속도라 정의한 것이다. 어떤 점에서의 속도를 구체적인 숫자로 나타내기 위해서는 수식과 그래프의 힘을 빌려야 한다.

여기서 문제가 발생했다. 미분의 정의가 그러하다면 수직선은 한군데도 빠짐없이 연결되어 있어야 한다. 만약 수직선 위의 점이 끊어져 있다면 우리는 사이각이 0에 접근할 때, 시간 간격이 0에 가까워질 때와 같은 말을 쓸 수 없게 된다. 결국 수직선을 빠짐없이 하나로 이어주는 수가 무엇인가 하는 문제로 이어진다.

유리수는 조밀하다. 0과 1사이만 해도 우리는 끝도 없이 많은 유리수를 발견할 수 있다. 0과 1의 중점을 잡으면 $\frac{1}{2}$이고 0과 $\frac{1}{2}$의 중점을 잡으면 $\frac{1}{4}$이다. 이런 식이면

0과 1 사이에만 해도 유리수는 끝없이 많다. 이를 유리수의 조밀성이라고 한다. 그럼에도 불구하고 그 사이 사이에 그보다 훨씬 많은 무리수가 존재하고 작도를 통해 간단히 찾을 수 있다.

사실 이건 시작에 불과하다. 건물 외벽이 온통 유리로 장식된 건물을 생각하자. 편의상 가로 10, 세로 10이라고 하자. 그러면 다음 그림과 같은 도형을 얻을 수 있다. 여기서 사각형을 연결하는 대각선 중 정수로 떨어지는 것은 3:4:5, 6:8:10일 때뿐이다. 나머지는 전부 루트가 들어간다.

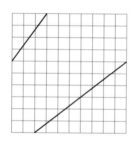

상황을 정리하면 다음과 같다. 미적분을 하기 위해서는 수직선이 필요했다. 미분의 정의상 수직선을 빈틈없이 채우는 특별한 수가 있어야 한다. 그런데 우리가 알고 있는 유리수이 외에도 너무나 많은 무리수가 있다.

여기서 수학자들은 기묘한 작업을 한다. 미적분을 위해 수직선을 빠짐없이 연결하는 수를 실수라고 먼저 정의한 후 수직선에 존재하는 유리수 이외의 나머지 수 전체를 무리수라고 정의하는 것이다. 즉 무리수는 이러저러한 성격을 가진 수를 무리수라고 하자라고 정의된 것이 아니라 실수가 있고 실수 안에 유리수가 있는데 유리수가 아닌 실수 모두를 무리수라고 정의한 것이다.

따라서 실수는 다분히 수학적 필요에 의해 도입된 개념이다. 따라서 실수를 실제 존재하는 수, 허수를 가상의 수로 보는 것은 잘못이다. 모든 수는 인간이 만든 것이다.

디지털

bit

일본군이 쳐들어온다. 부산에 있는 조선 군대는 한양에 있는 임금에게 이를 전달해야 한다. 먼저 전달 방법을 생각할 수 있다. 걸음이 빠른 병사나 말을 타고 달린다면 너무 늦다. 봉화가 적당할 듯하다. 부산에서 대구, 청주, 수원을 거쳐 한양까지 봉화를 통해 일본군이 쳐들어왔다는 사실을 순식간에 알릴 수 있다.

그런데 보다 디테일한 정보에 직면하면 상황이 모호해진다. 일본군이 쳐들어 온다가 아니라 일본군 500명이 쳐들어 온다처럼 보다 구체적인 정보를 전달하려 하면 상황이 복잡해진다. 봉화를 올릴 수 있지만 연기를 가지고는 500명을 표현할 수 없다. 500명을 표현할 수 있을 정도로 연기를 정확히 제어할 수 없기 때문이다.

이럴 때 다른 방법을 쓸 수 있다. 봉화의 연기 대신 봉화를 2개 올리는 것이다. 일선 병사와 임금은 미리 다음과 같이 약속할 수 있다. 일본군 병력이 5,000명을 넘는다면 피신을 고려할 정도로 심각한 것이고 5,000명을 밑돈다면 경계는 하되 피신까지 고려할 정도는 아니다. 봉화가 올랐는데 두 개의 봉화 모두에 불이 올랐다면 임금은 일본군의 규모가 5,000명을 넘어 피신을 고려할 정도라는 것을 알 수 있다.

이제 봉화 3개를 가지고 정보를 보다 세분할 수 있다. 100,000명을 경계로 10만 명이 넘는다면 명나라에 구원을 고려해야 하고 그렇지 않으면 피신을 하되 명나라에 구원까지 할 필요는 없다. 이제 부산에 있는 봉화가 각각 on, on, off라면 임금은 다음과 같이 해석할 수 있다. 일본군이 쳐들어 와서 피신을 해야 하지만 명나라에 구원을 요청할 필요는 없다. 일본군의 규모도 대량 5000~10만명 사이임을 짐작할 수 있다.

봉화 개수를 늘리면 점점 더 구체적인 정보를 담을 수 있다. 논리적으로 보면 봉화 개수를 늘려 가면 일본군의 규모를 정확히 특정할 수 있다.

봉화 한 개가 전기의 on, off와 대응한다. 봉화 한 개로 표현할 수 있는 정보의 양이 bit이다. 봉화의 개수가 늘어나면 전달할 수 있는 정보의 양도 많아진다. 영어 알파벳이나 우리말의 자음과 모음은 봉화 8개 정도면 표현이 가능하다. 구체적으로 영어 대문자 A는 65인데 봉화로 치면 봉화 8개가 off, on, off, off, off, off, off, on 이다. 이렇게 봉화 8개를 묶어 정보를 처리하는 단위를 byte라고 한다.

on, off

봉화의 연기 정도를 가지고 정보를 표현하는 것을 아날로그, 봉화의 개수를 가지고 정보를 표현하는 것을 디지털이라고 할 수 있다. 위 사례에서처럼 아날로그 형태로 정보를 표현, 전달하는 것은 매우 어렵다. 반면 디지털 형태로 정보를 처리하는 것은 매우 간결하고 쉽다.

그래서 인간의 정보 전달 방식은 당연히 디지털이다. 부모의 유전정보는 DNA의 염기서열에 따라 유전되는데 4개의 염기로 구성되어 있다. 4진법인 것이다. 만약 이런 정보 전달 시스템이 없었다면 현재의 우리는 존재하지 않았을 것이다. 신경전달과정도 그러하다. 뉴런은 외부 자극을 on, off로 처리한다. 자극이 어떤 수준을 넘어서면 세포가 활성화되고 그렇지 않으면 꺼지는 것이다.

많은 수를 세는 데 있어 역사적인 계기는 손가락을 이용해 큰 수를 세는 것이다. 인간은 동전 수십 개가 흩어져 있어도 잘 세지 못한다. 중간에 잊어버려 다시 세는 일이 허다하다. 돌파구는 손가락 단위만큼 떼내어 묶어 세는 것이다. 손가락.묶음 짓기. 곱셈과 같은 다양한 기원이 있지만 이 모든 것에 흐르는 것은 손가락에서 기원했다는 점이다.

인간의 정보 전달 과정에서 또 다른 결정적인 계기는 음성이나 표정이다. 성대를 이용해 섬세하고 미묘한 소리를 만들어내고 그것을 정보 전달의 방법으로 삼는 것이다. 표정도 그러하다. 인간은 미세한 얼굴 근육을 통해 실로 엄청난 양의 정보를 전달한다. 음성이나 표정은 아날로그 양이다.

표정이나 음성이 정보 전달 시스템에서 미친 영향이 워낙 크기 때문에 디지털에 대해 낯설게 생각할 수 있지만 인간의 역사과정을 통들어 보면 디지털 시스템이 압도적이라 할 수 있다.

02

대수

사칙 연산

셈의 역사

우리는 지금 너무 쉽게 '3+2=5, 7×3=21'과 같은 계산을 한다. 그러나 먼 과거로 가면 연산은 셈의 역사에서 획기적인 계기가 되었던 중대 사건이다.

목동은 양 7마리를 기르고 있다. 목동이 기르는 양의 마릿수는 매 순간 변화한다. 어느 날 새끼 양이 태어났다. 지금 우리는 당연히 7+1=8마리라 하지만 과거에는 처음부터 다시 셌다. 즉 하나 둘 셋…일곱한 뒤에 8마리라고 인식하는 것이다.

늑대가 양 1마리를 잡아갔다. 역시 7-1=6마리 하면 될 듯하지만 먼 옛날에는 처음부터 다시 세기 시작해 하나 둘 셋…하고서야 양이 여섯 마리임을 알게 되는 것이다.

곱하기

연산의 역사에서 획기적인 전기는 곱하기이다. 곱하기의 특징은 굳이 새로운 연산을 만들 필요 없이 더하기로 충분하다는 점이다. 즉 5+5+5+5+5+5가 있다면 그냥 5를 6번 더하면 되는 것이지 이를 굳이 5×6으로 정의할 이유가 없다.

더하기에서 곱하기로의 발전에서 다음 두 가지 점을 기억해야 한다. 첫째는 앞에서 말한 바 있는 손가락이다. 손가락이 없었다면 인류는 묶어 세기 즉 곱하기에 도달하지 못했을 것이다. 둘째는 사회의 발전이다.

사회가 발전하면서 인류는 전혀 다른 환경에 직면하기 시작했다. 양 7마리 정도를 기른다면 양은 아무렇게나 돌아다녀도 상관없다. 그러나 기르는 양의 마릿수가 많아지면 무언가 규칙과 질서를 잡아야 한다. 손가락을 이용해 5개씩 묶어 두는 것이 하나의 방법이다. 묶어 세는 과정이 반복되면서 사람들은 직사각형 모양으로 형태를 짓기 시작한다.

인류 문명 초기 인류는 곳곳에 이런 광경을 연출하기 시작한다. 밀과 벼는 그저 야생에서 자라는 그저 그런 풀의 하나였다. 인류는 야생 풀을 길들여 작물로 탈바꿈하기 시작한다. 이제 이 야생 벼는 인류의 계획과 질서에 따라 직사각형 모양으로 배열되기 시작한다. 그리고 벼와 밀의 재배 면적이 넓어짐에 따라 인류의 생활 환경도 영원히 바뀌었다.

우리는 사용하는 도구가 무엇인가에 따라 그 사회를 복원한다. 철기가 광범위하게 사용되었다면 많은 인구를 먹여 살릴 농기구 제작이 가능하고 그렇게 수확이 늘어나면 분쟁과 갈등 또한 늘어나게 마련이다.

수학도 그러하다. 어느 사회에서 곱셈과 구구단을 광범위하게 사용했다는 것은 농작물을 생산하고 이를 분배하는 사회 시스템이 대규모적으로 조직되고 활용되었음을 뜻한다. 그렇지 않으면 사회 유지에 필요한 방대한 인구와 물자를 컨트롤할 수 없기 때문이다. 곱셈과 구구단은 인류가 고도로 문명화되고 조직화 되었음을 보여주는 징표라 할 수 있다.

음수

- 자연수의 연산의 확장

형식불역

3+2=5이다. 이를 뒷받침하는 자연현상은 돌멩이 3개 +돌멩이 2개=돌멩이 5개, 사자 3마리+사자 2마리=사자 5마리 등을 들 수 있다. 돌멩이 3개+돌멩이 2개=돌멩이 5개에서 돌멩이들은 색깔, 무게 등이 모두 다르다. 그럼에도 우리는 돌멩이의 개수만 중시하여 돌멩이 3개+돌멩이 2개= 돌멩이 5개로 처리한다.

이런 사고 기능을 추상이라고 하는데 수학의 핵심적 기능이다. 강조하고 싶은 것은 덧셈조차 당연한 어떤 것이 아니라 고도의 사고 기능이 담겨 있다는 사실이다.

초등학교 때 주로 사물을 세는 것에서 출발한 자연수를 다룬다. 중학생이 되면 방정식과 함수와 연관된 정수 또는 실수를 다룬다. 여기서 포인트는 음수와 0의 처리이다. 조금 더 전진하자면 음수와 0이 포함된 연산이 핵심이다. 가령 –1–3이 무엇인가 하는 점이다.

0이나 음수가 포함된 연산을 자연현상과 결부 지어 설명하려는 태도는 잘못된 것이다. 가령 –1을 빚이 1인 것으로 –1+(–3)은 빚이 3만큼 더 늘어 전체 빚이 –4가 되었다는 따위의 설명은 애초부터 잘못된 것이다.

첫째. 애초에 수학은 내용을 무시하고 형식을 중시한다. 마이너스의 출현이 빚이나 영하와 같은 데서 출발했지만 이런 식으로는 전진이 불가능하다.

–1–3, (–1)×(–3)와 같은 연산을 설명하기 위해 억지스러운 설명이 보태지기 때문이다.

단적으로 음수는 자연수의 연산을 정수까지 확장하기 위함이다. 따라서 음수 연산의 뿌리와 정당성은 자연수 연산에 있다.

4–3=1

3–3=0 … a)

2–3=–1

1–3=–2

0–3=–3

–1–3=–4

a)까지는 자연수 연산시스템에서 옳음이 보장된다. 반면 a) 이하는 자연수 시스템의 논리적 확장을 통해 옳음이 보장되는 것이다. 이를 형식불역의 원리라고 한다.

결론적으로 음수 연산을 함에 있어 음수에 의미를 부여하여 이를 설명하려는 태도 대신 형식불역의 원리와 같은 수학적 원리를 정면에서 소개하는 것이 옳다.

수학의 신천지

3-1=2를 변형하면

3-1=2

3-1-2=0

-1-2=-3 … a)

-2=-3+1

....

등과 같은 다양한 변형을 얻는다.

앞에서 말했던 0과 음수의 연산을 애써 정의하려 했던

것은 위 과정 모두가 같다고 주장하고 싶기 때문이다. a)에서 −1−2=−3이라고 정의한 이유도 그러하다.

위 과정을 통해 수학은 신천지를 향해 나아간다. 이전 같으면 $x+1=5$, $x=4$은 되지만 $1=-x+5$이나 $0=-x+5-1$과 같은 조작은 할 수 없다. 위에서처럼 0과 음수의 연산을 새롭게 정의함으로써 연산에 가해진 족쇄를 풀어 버리면 자유로운 수식 전개가 가능하다. 이는 근대 이후 인류가 방정식과 함수라는 강력한 도구가 갖게 된 과정과 일치한다.

근대 이후 인류는 수학을 통해 새로운 세계를 열었다. 그러나 수학과 자연 사이의 관계에 대한 다양한 의문들이 있다. 여기서는 3−2=1, −2=1−3라고 할 수 있는가에 대한 의문이 있다. 수학이 밝혀낸 많은 사실들은 앞의 식 전개가 옳다는 과정에 기초해서 만들어진 것이다. 반면 3−2=1, −2=1−3가 반드시 옳은가에 대한 수학적 대답은 취약하다.

수학과 과학의 많은 법칙들은 수학이 옳다는 사실에 전제해 있다. 그런데 많은 수학적 진리들이 3−2=1에서 −2=1−3이 옳다는 사실에 기초한다. 문제는 −2=1−3이 옳다는 것은 자연수에서 계산했던 제 원리를 정수 영역까지 형식을 바꾸지 않으면서 확장한 결과이지 실험 등을 통해 확증된 것이 아니라는 점이다.

수학은 아슬아슬한 줄타기를 하고 있는 듯하다. 수학적으로 확증된 진리는 언제나 참이라는 것은 위 음수의 계산에서 보듯 뭔가 석연치 않은 구석이 있다. 오히려 세상을 설명하기 위해 언어를 도입하듯 하나의 지적 도구를 도입했다고 보는 것이 어떨까 한다.

컴퓨터 게임

$2^0=1$

−1−3=−4인 것은 자연수에서 정수로 확장된 전체 연산 시스템의 관점에서 봐야 한다고 했다. 동일한 맥락이 고등수학 곳곳에서 작동한다. 대표적인 것이 2^0이다.

2^0은 문자 그대로 아무런 의미도 없다. 따라서 이를 음수를 빚이나 영하에 빗대어 설명하듯이 설명하는 아무 의미도 없다. 해답은 음수 연산시스템처럼 지수 연산의 전체적인 시스템에서 판단해야 한다.

$2^3=8$

$2^2=4$

$2^1=2$에서 이 수식은 그에 대응하는 자연현상이 있다. 즉 $2^3=8$의 경우 대장균 한 마리가 3번 분열하면 8마리가 된다는 식으로 설명할 수 있다. 그러나 2^0은 말 자체가 성립되지 않는다. 그러나 수학은 음수 계산처럼 전체 지

수 연산 시스템의 일관성을 위해 2^0을 정의한다.

좌우변을 고려하면 좌변에서 1이 작아질 때마다 우변이 $\frac{1}{2}$씩 작아졌으므로 $2^0=1$이라고 정의하는 것이다.

시스템의 일관성

수나 연산은 자연을 뿌리로 한다. 그러나 방정식이나 함수가 발전하면서 시스템 전체를 고려해야 하는 입장에 서게 되자 수학자들은 자연 대상과의 일치보다는 시스템의 일관성을 보다 중시하게 된다. 수학이 마치 컴퓨터 게임처럼 변하는 것이다.

컴퓨터 게임을 설계하는 프로그래머가 있다고 하자. 컴퓨터 프로그래머는 게임 안에서 다양한 상황과 장면을 만든다. 천당도 있고 지옥도 있다. 비현실적인 괴물도 있고 믿기 어려운 거인도 있다.

컴퓨터 프로그래머가 어떤 현실을 만들어내는가는 우리의 관심이 아니다. 게임을 하는 입장에서는 그런 상상력을 즐길 수 있다. 수학에 빗대어 말하자면 수학이 무엇을 만들어내는가 그리고 수학적 사실이 현실에 존재하는

가 그렇지 않은가는 관심의 대상이 아니다.

이런 태도에 비판적인 입장이 있을 수 있다. 수학 또한 결국 인간이 하는 것이라면 인간과 현실에 대한 긴장감이 유지되어야 한다는 것이다. 어떤 입장을 취하든 수학은 점점 자연과학과 매우 다른 학문으로 변했다. 자연과학의 뿌리는 자연이지만 수학은 자연과 일치해야 하는 의무가 사라졌다.

컴퓨터 게임에서 등장하는 다양한 캐릭터와 장면들이 현실에 부합하지 않더라도 최소한의 규칙은 있다. a와 b가 게임의 플레이어라면 a와 b에게 적용되는 규칙은 같아야 한다. 이것이 위에서 지적한 시스템의 일관성이다.

추상화와 일반화

고등수학으로 갈수록 수학은 현실과 괴리된 채 추상적, 일반적으로 대상을 다룬다. 추상화, 일반화는 수학의 최대 강점이므로 그러려니 해야 한다. 그런데 이와 더불어 수학이 갖는 특징을 이해할 필요가 있다. 수학은 수학자들이 몇 개의 규칙을 정해 놓고 그 규칙을 가지고 노는 컴퓨터 게임과 같은 것이다. 이것을 이해해야만 고등수학으로 가는 길이 편해진다. 자연수에서 정수로 가는 길과 같이 수학에는 자연과 밀착하여 발전했던 어떤 시기가 있고 추상적이고 알쏭달쏭한 수학적 대상을 두고 오직 정신의 힘으로 가는 또 다른 시기가 있다. 후자의 길에 접어들었을 때 수학은 컴퓨터 게임 같은 것이라고 생각하면 이해가 쉽지 않을까 한다.

동류항

수학적 테크닉

초딩하고 루트 수업을 할 때 가장 어려운 장면이 루트 $2+2\sqrt{2}$ 이다. 일단 루트가 낯선데 그걸 더하려니 서로 헤맬 수밖에 없다. 여기서 동류항 어쩌고 하는 설명은 크게 도움이 되지 않는다. 오랜 시간이 흘러서야 나는 돌파구를 찾을 수 있었다. 그리고 그것은 수학의 독특한 사고 구조에 대한 이해를 깊게 하는 계기가 되었다.

김밥을 예로 들어 보자. 학생 a,b,c가 김밥집에 갔다. 3명이 먹을 김밥 3줄을 시켰다. 따지고 보면 김밥 3줄이 모두 같다는 보장은 어디에도 없다. a가 먹을 김밥에는 김이 많이 들어갈 수 있고 b의 김밥에는 당근이 많을 수도 있다. 그러나 크게 보면 김밥집 아주머니가 a,b,c의 김밥을 특별히 따로 만들 이유가 없다. 우리는 'a-김밥,b-김밥,c-김밥'을 구분해서 주문하지 않고 김밥 3줄로 처리한다. 일일이 따지기보다는 김밥이 모두 같다고 보고 그냥 한꺼번에 주문하는 것이 효율적이기 때문이다.

김밥 3줄이 모두 다름에도 목적과 필요에 따라 그냥 같다고 보고 이를 김밥 3줄로 처리하는 것, 이를 추상이라고 하는데 수학의 핵심적인 기능이다.

아프리카 사바나 초원에도 비슷한 일이 벌어진다. 늘어지게 자고 있던 사자 무리들이 움직이기 시작했다. 사자 무리가 움직이기 시작했을 때 이를 '갈기가 무성한 숫자자 1마리, 새끼를 밴 암사자 1마리, 암사자 옆에 태어난 지 얼마 되지 않는 새끼 사자 1마리'가 움직인다고 말하지 않는다. 그런 식으로 말을 하다가는 우리 선조는 벌써 멸종했을 것이다. 선조는 담백하게 사자 3마리라고 요약한다. 상황을 빨리 파악하는 것이 필요한 조건에서 불필요한 사족을 없애야 하기 때문이다.

같은 상황을 x나 루트에 적용할 수 있다. 사자 2마리+사자 3마리는 사자 5마리이다. 이를 x와 루트에 적용하면 $2x+3x=5x$, $\sqrt{3}+2\sqrt{3}=3\sqrt{3}$ 이다.

사자+사자

$x+x$

$\sqrt{2}+\sqrt{2}$ 의 본질은 동일하다. 사자, x, 루트의 소소한

특징은 무시하고 개체의 숫자만 문제 삼는 것이다.

이를 역으로 추적하면 더 극적인 일이 벌어진다.

사자+사자+표범=2사자+1표범이다. 수학적으로 보면 사자와 표범은 더할 수 없다. 동류항이 아니기 때문이다. 사자+사자=2사자인 것도 원래 그런 것이 아니라 일단 사자라면 사자 안의 또 다른 요소는 무시하기로 한 사고 작용 때문이다. 그러하다면 사자와 표범도 양자의 공통점을 중시하여 2맹수+1맹수=3맹수 할 수 있다.

우리 선조가 살았을 먼 과거로 돌아가면 상황이 보다 분명해진다. 숫사자 1마리, 암사자 1마리, 표범 1마리가 100미터 떨어진 곳에서 움직이고 있다면 사자2+표범1할 수도 있지만, 아예 처음부터 맹수3할 수도 있기 때문이다.

맹수3+토끼1도 필요에 따라 4동물로 더할 수 있다. 그렇게 기원을 추적하면 1, 2와 같은 숫자만 남는다. 숫자도 결국 추상이라는 사고 기능을 통해 인류가 세상을 단순화해서 처리한 수학적 테크닉이다. 사자3, 돌멩이3, 3일 동안 굶었다에서 우리의 필요에 따라 3만 뽑아낸 것이기 때문이다.

주판과 문자연산

운동은 우리의 본성 깊은 곳에 담겨 있다

어려서 주판을 배웠다. 중2 때는 그걸로 시험을 보기도 했다. 초딩들과 수업을 하면서 주판이 갖는 의미에 대해 다시 생각하게 된다.

동물과 식물의 결정적인 차이는 운동이다. 그리고 이 운동이 중추신경계인 뇌를 만든 동력이다. 알파고와 이세돌 경기에서 이세돌의 맞은편에 앉은 것은 컴퓨터가 아니라 정체 모를 중국 사람이다. 알파고를 만든 하사비스 왈, 바둑 시합을 하는 것보다 바둑알을 바둑판에 내려놓는 동작을 구현하는 것이 더 어렵다.

생명체는 운동에 필요한 거대한 정보 처리를 위해 신경계를 만들어내고 이를 뇌라는 형태로 집중시켰다. 따라서 인간에게 운동과 운동을 처리하는 정보 처리 과정은 매우 오랜 기원을 갖는다. 인간은 무엇을 생각하는 것보다 어떻게 행동하는 것이 더 쉽다.

주판은 오랜 뿌리를 갖는 물리적 행위를 수를 셈하는 정신적 행위와 연결시킨다. 신선한 풀을 뜯기 위해 양 한 마리가 축사를 나온다. 초기 인류는 마음속으로 이를 셀 능력이 없다. 그는 눈에 보이는 무언가와 이를 대응시켜야 한다. 그리고 이 대응관계는 물리적 행위를 동반한다. 양 한 마리가 나올 때 항아리에 돌 하나를 집어넣는 행위말이다.

이런 행위는 여러 가지 형태로 나타날 수 있다. 셈을 하면서 자신의 손가락을 꼽을 수도 있고 동물뼈에 금을 새기는 것일 수도 있다. 이런 작업을 도구의 형태로 발전시킨 것이 주판이다. 주판은 숫자 1을 세는 과정을 주판대 위에서 돌 하나를 밀어 올리는 물리적 행위와 대응시킨다.

마음속으로 숫자를 세는 정신적 작업을 주판에서 돌을 밀어 올리는 물리적 행위와 1:1로 대응시키는 오랜 역사가 있었다. 필자가 고등학교에 다니던 무렵에도 일선 은행에서 주판을 쓰곤 했다. 즉 물리적 행위와 이에 따른 거대한 데이터를 처리하는 행위 자체가 동물과 중추신경 시스템 뇌의 역사 그 자체이다. 그만큼 운동은 우리의 본성 깊은 곳에 담겨 있다는 뜻이다.

문자를 통한 기계적인 조작

x와 같은 문자를 통한 대수적 조작도 주판이 작동하는 원리와 유사하다.

$x+1=-x+3$

$x+x=3-1$

$2x=2$

$x=1$를 계산한다고 치자. 주목할 점은 첫째. 위 과정이 문자를 통한 기계적인 조작이라는 점 둘째 우리의 생각을 문자가 대신하고 있는 점이다.

$x+1=-x+3$ 정도의 간단한 계산도 마음속으로는 하기 어렵다. 반면 $x+1=-x+3$에서 좌우변의 x를 이항하여 $x+x=3-1$로 정리하면 답이 보인다. 이 과정은 머릿속으로 추론한다기보다는 이항이라는 계산 원칙을 정립한 후 그것을 기계적으로 실행한 것이다. 즉 x를 이항하는 기계적인 행위를 통해 정신적인 부담을 던 것이다.

전통 시대 주판은 복잡하고 어려운 계산을 담당했다. 15~6세기 문자와 문자를 통한 연산시스템이 정립되면서 문자연산이 그런 역할을 하게 된다. 수학자들은 문자를 포함한 방정식이나 함수를 세운 후 이항과 소거, 미지수와 기지수와 같은 몇 가지 원리를 정립한 후 이를 문자연산 전체로 확장했다. 마치 주판에서 주판알을 밀어 올리고 내리는 단순한 행위가 복잡한 계산을 진행하는 것과 같다. 이를 통해 이차방정식의 근의 공식과 같은 매우 어려운 수식을 자유롭게 다룰 수 있게 되었다.

계산 규칙

수식이 복잡해지면 계산하는 것이 만만치 않다. 이 경우 이항. 소거와 같은 간략한 계산 규칙을 정립한 뒤 그것을 확장하는 것이다. 그러면 인류의 DNA 깊은 곳에 내장되어있는 운동 본능을 타고 복잡한 계산을 간단한 계산으로 다양한 계산을 하나의 일관된 맥을 갖는 계산을 정리하는 것이다.

문자연산에서의 x는 주판알과 유사하다.

03

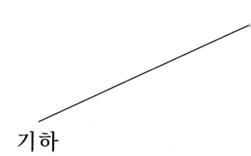

기하

피타고라스의 정리

직각

피타고라스의 정리는 고대 사회를 대표하는 수학이다. 피타고라스의 정리가 고대 사회를 대표하는 수학 중 하나가 된 이유는 직각 때문이다.

고대 사회의 관심은 주로 종교적인 측면에 가 있었다. 이집트와 메소포타피아인들은 그들의 역량을 총동원하여 피라미드와 지구라트를 건설했다. 나일강 사막 한가운데 있는 거대한 구조물 피라미드는 높이만 100m가 넘고 2톤이 넘는 직육면체 모양의 돌덩이 수백만 개를 쌓아 올린 거대한 건축물이다. 워낙 크고 육중하다 보니 정교하고 치밀한 설계가 뒷받침되지 않으면 현재까지 지탱되기 어려웠을 것이다.

피라미드의 안전을 일차적으로 뒷받침한 것은 직각이다. 피라미드와 피라미드를 이루는 직육면체의 돌덩이 하나하나가 정확히 지구 중심과 일직선을 이뤄야만 안정성이 유지되기 때문이다.

직각은 매듭을 지은 밧줄로 간단히 만들 수 있다. 매듭이 각각 3, 4, 5개인 밧줄을 만들고 이들을 연결하는 삼각형을 만들면 직각삼각형이 된다.

매우 손쉽게 만들 수 있지만 문제는 직각삼각형을 이루는 정수비가 많지 않다는 점이다. 쓸만한 정수비는 3:4:5, 6:8:10, 5:12:13 정도이다. 덕분에 이집트와 메소포타미아는 직각삼각형을 이루는 세 개의 숫자를 기록으로 남겨 놓았을 정도이다.

이집트와 메소포타미아인들은 고대 건축물을 건설하는 과정에서 많은 기하학적 사실들을 집적했다. 피타고라스의 정리도 그 중 하나이다. 그런데 그 이유는 따져 묻지 않았다. 그들은 직각을 찾으면 그만이었지 더 나아가지 않았다. 그들의 주된 관심사는 주로 신이나 종교였다. 이유를 캐묻는 작업은 고대 그리스인의 과제였고 고대를 상징하는 수학적 사실인 피타고라스의 정리도 그리스인들의 성과로 남았다.

피타고라스 정리의 정확한 워딩

짚고 넘어가야 할 점은 피타고라스의 정리의 정확한 워딩이다. 필자는 중고등학교를 다닐 때 피타고라스의 정리를 다음과 같이 외웠다. "빗변의 제곱은 다른 두변의 제곱의 합과 같다" 내용적으로는 틀리지 않지만 역사적으로 보면 잘못된 주장이다.

고대 수학의 관점에서 보면 기하와 대수는 매우 다른 영역이다. 고대 그리스인들은 기하학에서 엄청난 업적을 쌓아 올렸지만 산술이나 대수는 매우 취약했다. 대수가 정비된 것은 15~16세기의 일이다

그런데 위 내용은 피타고라스의 정리가 마치 대수와 관련된 정리인 것처럼 느껴진다. 피타고라스 정리의 정확한 워딩은 "직각 삼각형에서 직각과 마주보는 변을 한 변으로 한 정사각형의 넓이는 다른 두 변의 정사각형의 넓이와 같다"이다.

고대 그리스 기하학이 산술과 대수에서 취약성을 보인 것은 고대 그리스 기하학의 치명적인 약점이었다. 그리고 이는 중학 도형의 사변적이고 난해한 성향에 잘 녹아 있다. 또한 데카르트의 좌표, 뉴턴의 미분 등이 고대

그리스 기하학의 한계를 뚫고 발전한 점을 기억할 필요가 있다. 따라서 피타고라스의 정리를 이해하기 위해서는 그것의 역사적 뿌리를 아는 것이 필요하다.

연역법과 귀납법

세상을 알아가는 방법

세상을 알아가는 방법을 흔히 귀납법과 연역법으로 구분한다.

귀납법은 여러 경험을 통해 하나의 결론을 도출하는 것이다. 어제도 해가 뜨고 오늘도 해가 떴다. 1년 전에도 해가 떴고 10년 전에도 어김없이 해가 떴다. 이 정도 되면 내일도 해가 뜬다고 예측해도 좋을 것이다.

귀납법의 강점은 쉽다는 것이다. 사실 우리 모두는 경험 속에서 배운다. 먼 옛날 우리 선조가 팔에 상처가 났다. 참으로 오랜 과정을 거쳐 숲속에서 자라는 어떤 풀을 갈아 마셨더니 상처가 나았다. 이렇게 쌓인 지식은 차곡차곡 후손에게 전달되어 지금의 우리로 이어졌다.

귀납법의 결정적인 약점은 그렇게 해서 얻은 결론이 반드시 옳다는 보장이 없다는 것이다. 내일 해가 뜬다는 사실이 그러하다. 태양은 46억년 전에 만들어졌고 50억년 후면 사라진다. 따라서 내일 해가 뜨는 것은 사실이지만 언제나 그렇다고 볼 수 없다.

대부분의 과학이 그러하다. 과학은 제한된 경험과 사실에 기초해 그것을 확장한 것이다. 따라서 지금 밝혀진 사실이 언제 어디서나 들어맞는 절대적인 진리라고 단언하기 어렵다. 뉴턴의 만유인력이 아인슈타인의 상대성이론에 의해 대체된 것이 대표적인 사례이다.

반면 연역법은 참인 사실로부터 논리적으로 다음의 사실을 도출한다. 삼각형의 내각의 합은 180도이다. 모든 사각형은 두 개의 삼각형으로 구분할 수 있기 때문에 사각형의 내각의 합은 180×2이다. 심지어 우리는 100각형의 내각의 합을 간단히 도출할 수 있다. $180 \times (100-2)$이다. 연역법을 가장 잘 사용하는 학문이 수학이다. 수학은 3각형, 4각형, 100각형 모두를 n각형으로 처리하고는 n각형의 내각의 합을 $180도 \times (n-2)$이라는 공식으로 정리한다.

수학이 갖는 이런 특징 때문에 수학은 다양한 학문 중에서 특별한 대접을 받았다. 특히 고대 그리스에서는 수학을 참된 진리를 추구하는데 반드시 필요한 지적 도구로 생각했다.

그러나 연역법에도 결정적인 문제가 있다. 삼각형의 내각의 합이 180도라는 사실은 평행선의 엇각이 같다는 사실로부터 나온다. 평행선에서 엇각이 같다는 사실은 두 개의 평행선이 영원히 만나지 않는다는 사실로부터 나온다. 연역법은 참인 사실에서 참인 사실을 도출하지만 이것을 거꾸로 거슬러 올라가면 어딘가에서 모든 것을 시작하는 무엇인가를 찾아야 한다. 결국 연역법의 핵심은 거꾸로 거슬러 마지막 지점에서 만나게 되는 무엇인가가 반드시 옳아야 한다는 점이다.

공리

종교라면 간단할 수 있다. 모든 것은 신으로부터 시작한다. 고대 신화에서도 유사한 태도를 보인다. 세상을 좌우하는 영웅은 그냥 등장하는 것이지 특별히 설명할 이유가 필요 없다. 옛날 할머니들이 이야기를 할 때도 그저 long long time ago로 시작한다. 기원을 거슬러 올라가면 너무 복잡해지기 때문이다.

고대 그리스인들도 그런 문제에 봉착했다. 그런데 그리스 사람들은 그 이전 사람들과는 다른 태도를 보인다. 그들은 종교나 신화처럼 무작정 시작하는 것이 아니라 모든 것의 기원이 되는 문제들을 체계적으로 정리하기 시작했다.

고대 그리스인들의 생각을 집대성한 책이 유클리드의 <원론>이다. <원론>에는 모든 것의 기원이 되는 문제를 23개의 정의, 5개의 공준, 5개의 상식으로 정리했다. 오늘날의 용어로 정리하면 모두 공리라고 하면 좋을 듯하다.

여기서 공리란 당연히 옳은 어떤 사실이거나 설명할 필요조차 없는 문제이다. 가령 부모님께 효도해야 한다. 대한민국은 민주공화국이다라는 등의 문장은 어느 수준에서 공리라고 할 수 있다. 물론 부모님께 왜 효도해야 하는가? 대한민국이 민주공화국이 맞는가라고 질문한다면 복잡해질 수 있다. 그러나 그냥 상식적인 수준에서만 본다면 그것부터 부정하기 시작하면 아예 이야기가 다른 방향으로 진행된다. 따라서 일상생활에서 그런 정도는 그냥 모두 인정하고 넘어가는 것이다.

공리는 거대한 구조물의 기초가 되는 생각이다. 따라

서 공리를 두고 논쟁을 하기 시작하면 대책이 없다. 고대 그리스나 중국 제자백가, 인도의 고대 사상들이 매우 난해한 스토리를 담는 것도 이 때문이다. 반면 이야기의 시작을 신이나 절대적인 무엇인가로 돌리면 간편하고 수월하다. 그런 면에서 그리스인들은 용감한 사람이다.

귀납법은 일상적인 관찰과 경험으로부터 무언가를 도출한다. 따라서 근본적인 문제를 접어 두고 가치 있는 결론을 끌어낼 수 있다. 그러나 연역법은 무언가를 생산하려면 근본적인 무엇인가와 연관지어 판단해야 한다. 그만큼 어렵다.

덕분에 사회와 국가의 기틀을 마련하는 문서를 작성할 때는 연역법이 맞춤하다. 프랑스 인권선언이나 미국의 독립선언서가 유클리드 원론의 서술방식을 따른 것은 우연이 아니다. 반면 연역법은 가장 근본적인 문제로부터 스토리를 이끌어 가는 만큼 가장 근본적인 문제가 흔들릴 때 구조물 전체가 흔들리는 격변이 일어나게 된다.

작도

그리스인의 컴파스

수학에는 특유의 수학적 도구가 있다. 방정식이라면 x, 함수라면 x-y 좌표계가 그것이다. 고대 그리스인들 또한 기하학을 하는 과정에서 독특한 수학적 도구를 사용했다. 눈금 없는 자와 컴퍼스이다.

그리스인들이 작도에서 사용하는 자는 우리가 지금 일상적으로 사용하는 자와는 다르다. 현재 우리가 사용하는 자에는 촘촘히 눈금이 그어져 있다. 눈금이 없다면 만드는 것이 현대의 전통이다. 그런데 그리스인들이 작도에서 사용하는 자에는 눈금이 없다. 자는 그저 선을 그리기 위해 쓰는 것이다. 정작 뭔가를 잴 때는 자가 아니라 컴퍼스를 사용한다.

예를 들어 보자. 아래 그림과 같은 선이 있다. 이와 똑같은 길이의 선을 그리려면 자로 길이를 잰 후 그 수치만

큼의 선을 그리면 될 듯하다. 그리스에서는 그렇게 하지 않았다. 작도에서는 컴퍼스로 길이를 잰 후 다른 곳에 컴퍼스로 그려 두 개의 직선이 같다고 한다.

어떨 때는 도구가 세상을 설명해 주곤 한다. 철기시대라고 한다면 우리는 그것만으로 그 사회 전체를 어느 정도 복원할 수 있다. 수학도 그러하다. 그리스인들이 수학을 하기 위해 사용했던 수학적 도구인 작도가 그리스 수학의 많은 부분을 설명해 준다

수는 인류가 만들어낸 최고의 발명품

수는 인간이 만들어낸 최고의 소프트웨어이다. 멀리 두 사람이 걸어 온다. 우리는 두 사람의 키를 비교할 수 있다. 아무렇게나 스마트폰을 이용하여 수치를 부여할

수 있다. 왼쪽 사람은 14스마트폰, 오른쪽 사람은 15스마트폰이다. 오른쪽 사람이 1스마트폰 크다고 할 수 있다. 그런데 키를 재기 위해 사용한 14,15,1과 같은 수는 키와 본질적인 연관이 없다. 그냥 세상을 설명하기 위한 도구일 뿐이다.

심지어 인간의 마음도 그렇게 할 수 있다. 100명의 사람에게 설문지를 돌린 후 무엇인가에 대해 물을 수 있다. 호감 1점, 보통 2점, 불만 3점과 같은 식이다. 그럼 우리는 인간의 주관적인 감정을 수치로 표현하고 적절히 가공할 수 있다.

결론적으로 수는 인류가 만들어낸 최고의 발명품이다. 그런데 고대 그리스인들의 자에는 눈금이 없는 상태였다.

수학의 황금기

고대 그리스 기하학은 화려하다. 중학교 책에 나오는 도형 파트 대부분은 고대 그리스인들의 작품이다. 차이가 있다면 고대 그리스인들이 다루었던 도형에 숫자를 집어 넣었다. 현재 중학교 교과서에 있는 동일한 그림에 숫자가 없다고 보면 된다. 교과서 집필자들이 보기에도 숫자가 없는 것은 너무하다고 보았는지 숫자를 모두 생략했다.

현재의 중학교 교과서에 숫자가 하나도 없는 장면을 생각해 보라. 말할 수 없이 화려하지만 실용성이 없다. 15세기 근대 유럽의 부흥 과정에서 수학이 중요해졌다. 복잡한 상거래를 위한 이자 계산, 빈번한 전쟁 수요를 반영한 탄도 계산 등이 과제로 떠올랐다.

이 과정에서 수학의 황금기가 시작되었다. 소수와 로그 계산이 발명되었다. 핵심은 계산이었다. 데카르트는 좌표를 도입했다. 데카르트는 가상의 공간을 온통 수치로 채웠다. 그리고 고대 그리스인들이 자와 컴퍼스를 가지고 만든 아름다운 도형들은 수치가 부여된 점들이 이어진 도형, 함수로 대체되었다. 그리고 함수와 좌표의 토대 위에서 미적분학이 출현하게 된 것이다.

점

점은 쪼갤 수 없는 것이다

근대 서양의 관점에서 가장 영향력 있는 책을 들자면 성경과 '원론'이다. 성경이 신앙과 영적인 세계를 좌우했다면 이성의 세계를 관장했던 것은 원론이다. 원론은 데카르트, 뉴턴 등 서양의 대표적인 지성인들이 빠짐없이 열독하고 깊은 영향을 받았던 그야말로 이성세계의 성경이라 할 수 있다.

그 원론의 첫 문장이 '점은 쪼갤 수 없는 것이다'이다. 점은 쪼갤 수 없는 것이다. 이 담담한 진술에 고대 그리스의 성과와 한계가 고스란히 담겨 있다.

점은 넓이를 가질 수 없고 그래서 쪼갤 수 없다

동물원과 식물원이 있다면 우리는 다양한 생명체를 이

기준에 맞게 분류할 수 있다. 코끼리는 동물원, 소나무는 식물원과 같이 구분할 수 있다.

그럼, 점은 동물원에 가야 할까? 식물원이 적당할까? 수학에서 동물원과 식물원에 해당하는 것이 기하와 대수이다. 기하란 삼각형, 원과 같이 주로 모양을 다루는 학문이고 대수는 $x+1$, $\frac{1}{2}$과 같이 수식을 다루는 분야이다. 일단 점은 기하에 속할 듯하다.

점이 기하에 속한다는 것은 삼각기둥, 삼각형과 같은 모양을 쪼개고 나누면 점에 도달한다는 의미이다. 그리스인들은 삼각형과 사각형과 같은 모양을 쪼개고 쪼개어 맨 마지막 순간에 점에 도달한 것이다. 그리고 궁극적인 지점에 이르러 점은 쪼갤 수 없다고 선언한다.

그리스인들의 고민은 이해할 수 있다. 점을 쪼갤 수 있다면 즉 점이 넓이를 갖는다면 우리는 하나의 점에서 다른 점으로 두 개 이상의 선을 그을 수 있다. 점에서 점으로 두 개 이상의 선을 그을 수 있다면 기하학 전체가 파괴된다. 따라서 유클리드는 마지막 순간에 고통스럽게 주장한다. "점은 넓이를 가질 수 없고 그래서 쪼갤 수 없다"

운동하는 물체의 어떤 시점에서의 위치

17세기 데카르트는 점을 다른 방향에서 접근하기 시작한다. 지구 표면의 모든 점은 두 개의 수치로 특정할 수 있다. 예를 들어 독도는 동경 131, 북위 37로 (131,37)로 간단히 처리할 수 있다. 점에 수치를 부여하면 점과 점을 연결한 모양도 수식으로 정리할 수 있다. $x^2+y^2=1$은 원이고 $y=2x$는 선이다.

수는 인류가 발견해낸 최고의 발명품이다. 우리는 세상 만물에 수치를 부여하여 이를 통해 세상을 제어한다. 그런데 고대 그리스는 우리와 같은 수를 갖지 못했다. 그들이 생각한 수는 길이를 가진 선분이었다. 즉 3은 길이가 3인 선분을 의미했다. 길이라는 구체적인 물리적인 실체가 없이 독립적으로 존재하는 수 3은 존재하지 않는 것이다. 점을 넓이와 같은 물리적 실체와 연관지어 설명하려 했던 이유도 그러하다. 그리스인들이 보기에 점은 어쨌든 동물원과 식물원 중 동물원(기하)에 있어야 한다고 봤기 때문이다.

점에 수치가 부여되면서 점은 동물원(기하)의 일부에서 벗어나기 시작한다. 여전히 모양은 남아있지만 이 때의 모양은 동물원이 아니라 새로운 범주로 분류되기 시작한다. 다름 아닌 함수이다. 함수는 x가 변할 때 y가 변하는 것을 다룬다. 함수 중에서 가장 중요한 것은 x가 시간, y가 위치일 때의 변화 즉 운동이다. 이제 점은 기하라는 동물원을 벗어나 새로운 차원에서 조명된다. 운동하는 물체의 어떤 시점에서의 위치이다.

평행선 공리

게임의 규칙

유클리드의 원론은 공리에 기초하고 있다. 여기서 공리는 증명할 필요조차 없는 자명한 진리였다. 유클리드 원론의 논리 구조상 공리의 적실성은 유클리드 원론 전체의 타당성을 가늠하는 척도였다. 따라서 공리는 시대와 시대를 가를 정도의 파괴력을 갖고 있었다. 문제가 되었던 것은 5번째 공리 평행선 공리였다.

평행선 공리는 생각보다 간단히 무너진다.

지구 표면을 생각해 보자. 적도 상의 두 개의 점을 잡아 거기에서 북쪽으로 경도를 따라 움직이면 두 개의 평행선이 생긴다. 이 때 두 개의 평행선은 북극에서 만난다. 두 개의 평행선은 영원히 만나지 않는 것이 아니라 적도에서 출발한 두 개의 평행선은 남극과 북극에 만난다.

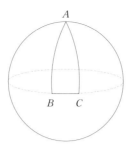

또한 지구 표면에서 삼각형의 내각의 합은 180도가 아니다. 아래 그림과 같이 적도상의 두 개의 점을 잡고 북극을 연결하는 거대한 삼각형을 만들면 내각의 합은 270도이다. 일반적으로 볼록한 면에서 삼각형의 내각의 합은 180도를 넘고 오목한 면에서는 180보다 작다. 실제로 서울, 부산, 광주를 연결하는 삼각형을 그으면 이 거대한 삼각형은 180도를 넘는다.

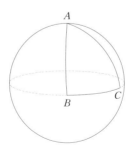

여기서 수학 역사의 대격변이 시작된다. 핵심은 공리

가 무엇인가라는 점이다. 고대 그리스인들에게 공리란 당연히 옳은 것이었다. 그런데 평행선 공리에서 보듯 평행선 공리는 당연히 옳은 것이 아니다. 뭔가 다른 설명이 필요했다. 수학자들의 논쟁은 아예 평행선 공리가 무엇인가를 넘어 공리 자체로 확장되기 시작한다.

종교나 고대 신화는 우주를 관장하는 절대적인 무엇인가를 상정하고 거기서 이야기를 시작한다. 반면 그리스인들은 나름 합리적으로 수학의 기원을 추적한다. 그리고 마지막 지점에서 점, 선, 면 등에 이르러 이건 그냥 당연하다고 주장한다. 여기서 당연하다는 것은 원래 자연히 그렇다는 것이다. 반면 현대 수학은 공리를 누구도 부정할 수 없는 당연한 사실이 아니라 게임의 규칙 같은 것으로 생각한다.

19세기 후반기 수학에서 공리에 대한 논쟁이 심화되면서 수학은 자연과학과 매우 다른 학문이 된다. 자연과학자가 있다. 무언가를 연구하다가 실험결과와 다르면 과학자는 자신의 연구 결과를 의심한다. 그런데 수학자들은 자연현상과 상관없이 자신만의 게임의 룰을 정하고 거기서 새로운 세계를 만들기 시작한다.

이를 공리주의, 형식주의라고 한다. 즉 공리주의나 형

식주의에 따르면 수학은 수학자들이 게임의 룰 같은 것을 정하고 거기서 출발하여 자유롭게 상상하는 것이다.

공리주의란 자연현상과 무관하게 자신만의 게임의 룰(공리)를 세우고 그에 기초하여 연역적인 방식으로 독자적인 수학 세계를 만들 수 있다는 입장이다. 이에 따르면 평행선 공리가 적용되지 않는 지구 구면과 같은 공간이 현실에 존재하는가 그렇지 않은가는 처음부터 관심의 대상이 아니다. 그냥 평행선이 영원히 만나지 않는다는 게임의 룰(공리)이 있다고 보고 논리를 전개하면 되기 때문이다.

공리주의는 형식주의와 통한다. 공리주의의 핵심적인 특징은 수학이 자연현상과 일치해야 한다는 오랜 전통에서 벗어났다는 점이다. 공리는 자연현상과 맞지 않더라도 자유롭게 설정할 수 있다. 그렇게 게임의 룰(공리)을 설정하더라도 형식적 일관성은 지켜져야 한다. 그래야 게임(수학)이 일관성을 갖기 때문이다.

인간의 경험이 장애가 될 수 있다

공리주의와 형식주의는 수학 역사에서 각별한 의의를 갖는다. 특히 19세기 후반 수학이 보여준 태도 변화는 자연과학의 발달에 중요한 역할을 했다.

19세기 후반 수학이 자연현상을 대변해야 한다는 생각이 끊기거나 약화되면서 역설적으로 수학은 자연현상을 더 깊게 설명할 수 있게 되었다. 대표적인 것이 아인슈타인의 일반 상대성 이론이다. 일방 상대성 이론이란 중력이 있는 곳에서 시공간이 변화한다는 것이다. 아인슈타인은 일반 상대성 이론이라는 아이디어를 발견했지만 그것을 전개할 수학 실력이 없었다.

그런데 19세기 중후반의 수학자들(리만과 힐베르트 등)이 그냥 상상만으로 일반 상대성이론을 전개할 수학을 만들어 두었고, 아인슈타인은 수학자들의 힘을 빌어 1915년 일반상대성 이론을 완성할 수 있었다.

이런 점을 기억해야 한다. 인간은 46억년 전 생겨난 태양계의 4번째 행성 지구 위에서 진화했다. 따라서 인간에게 당연한 것은 우주의 입장에서는 그렇지 않은 경우가 많다. 태양은 반드시 떠오른다는 말이 있다면 인간의 입장에서는 거의 사실이지만 우주의 관점에서는 그렇지 않다. 따라서 그리스인들이 공리라고 설정한 것들은 우주의 본질이 아니라 오랜 기간 지구 위에서 살아온 인간의 경험을 집약한 것일 수 있다.

위대한 과학적 발전 대부분은 인간의 상식을 뛰어넘어 새로운 법칙을 발견했을 때 벌어진다. 특히 19세기 이후의 과학이 그러했다. 인간은 우주와 같은 큰 세계, 원자와 같은 아주 작은 세계를 탐구하기 시작한다. 이런 상황이라면 인간의 경험이 장애가 될 수 있다. 19세기 후반 수학이 자연현상과의 연관을 끊기 시작한 것은 그러한 시대적 요구를 반영한 것이다.

60분법

원을 한바퀴 도는 것을 360도로 정한 이유

사바나 초원에 우리 선조가 있다. 긴 어둠이 걷히고 해가 떠오른다. 해가 떠오르는 각도에 따라 몸도 함께 녹을 것이다. 세월이 흐르고 흘러 사람들은 태양이 떠오르는 각도에 수치를 부여하기 시작했다. 이때 매우 기이하게도 원을 한 바퀴 도는 각도를 360도로 구분했다.

360도로 정한 이유는 크게 두 가지로 추정한다. 하나는 지구의 공전 주기가 365일 어름인 것과 상관이 있다. 다른 하나는 원에 내접하는 정육각형 때문이다. 지구의 공전 주기는 우연히 그렇게 된 것이다. 참고로 화성의 공전주기는 387일이고 금성의 공전주기는 225일이다. 따라서 365이라는 숫자가 우주의 질서와 맞을 리 없다.

다른 하나는 정육각형 때문이다. 지금 우리는 흰색 종이에 펜을 가지고 수학을 하지만 먼 옛날 수학 특히 기하학은 들판이거나 실내였다. 고대 이집트에서 원을 그린다면 말뚝을 적당히 박은 후 밧줄로 원을 만들었을 것이다. 고대 그리스라면 잘 정리된 모래 위에서 컴퍼스로 원을 만들었을 것이다.

실제로 자와 컴퍼스 또는 말뚝과 밧줄로 다양한 도형을 그리다 보면 특별한 도형이 만들어진다. 그리고 이 문제는 유클리드가 저술한 기하학원론에 게재된 465개의 정리 중 첫 번째이다.

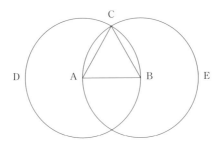

두 개의 원 사이의 교점을 연결하면 정삼각형이 만들어진다. 위 작업을 반복하면 원에 내접하는 정육각형이 생겨난다. 원을 한바퀴 도는 것을 360도로 정한 이유는 이 모양에서 연유했을 것이다.

원을 360도로 정하면 삼각형을 다루기 편리하다. 삼각형의 내각의 합이 180도가 되고 정삼각형의 한 내각의 크기는 60도가 된다. 삼각형의 내각의 합이 180도인 이유는 우리가 원을 한바퀴 도는 것을 360도, 수직선의 각도를 180도로 정의했기 때문이다. 만약 원을 한바퀴 도는 것을 10도나 100도로 정의했다면 삼각형의 내각의 합도 그에 맞게 변해야 한다.

결론은 다음과 같다. 60분법은 지구의 공전주기나 원에 내접하는 정육각형과 관련이 있다. 60, 180, 360이 특별한 의미를 갖는 이유는 그것이 우주의 질서에 부합하기 때문이 아니라 우연히 그렇게 된 것이다.

인류가 발전하면서 인류는 손가락에 뿌리를 두고 있는 10진법을 정착시켰다. 10진법이 맹위를 떨침에도 60분법이 살아남을 수 있었던 것은 그것이 도형을 다루는데 편리했기 때문이다. 즉 수평선을 180도로 약속해야 정삼각형의 한 내각의 크기가 60도가 되기 때문이다.

호도법

60분법에서 호도법으로 발전한 결정적인 이유는 미적분과 운동 때문이다. 60분법은 본질적으로 각도를 재는 기하학적 대상이다. 반면 호도법은 원 둘레를 회전하는 물체의 운동을 기술하기 위함이다.

운동이라는 시간에 따라 위치가 변하는 것이다. 원운동의 경우 반지름이 고정되어 있다고 보면 시간에 따른 위치 변화를 단적으로 보여주는 것은 각속도이다. 1초당 60도($\pi/3$)을 이동했다면 각속도 오메가(ω)=$\pi/3$이고 1초당 120도($2\pi/3$) 이동했다면 각속도 $\omega=2\pi/t$이다. 즉 1초에 세타(θ)만큼 이동했다면 각속도 $\omega=\theta/t$로 $\theta=\omega t$이다. 즉 삼각함수에서 $y=\sin x$에 x를 wt로 대체할 수 있는 것이다. 이렇게 되면 원 둘레를 도는 물체의 시간과 위치 사이의 관계를 묘사할 수 있게 된 것이다.

파이(π), e 등의 무리수

수학의 역사는 크게 두 단계로 나눌 수 있다. 하나는 손가락을 통해 많은 수를 세고 이를 중심으로 수학 시스템을 설계하는 단계이다. 10진법, 60분법 등이 이 시기 수학을 대변한다. 다른 하나는 미적분이다. 17세기 미적분이 본격화되면서 10진법, 60분법으로는 수학을 제대로 전개할 수 없었다. 이로부터 미적분에 맞게 수학 시스템을 재설계하기 시작한다. 이때 등장한 것이 파이(π), e 등의 무리수이고 원운동에서 원주상의 운동을 설명하는 도구로 호도법이 등장한다.

미적

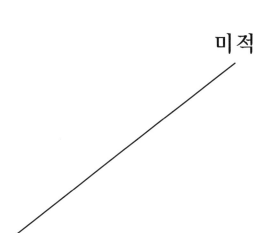

낙하운동

자연현상의 이상화

미분이 출현한 계기는 낙하운동이다. 낙하운동을 설명하기 위해서는 낙하운동을 보는 두가지 태도와 만나야 한다.

먼저 아리스토텔레스는 낙하운동을 다음과 같이 묘사한다. 지구 한가운데 하나님이 있고 물체가 하나님을 향해 땅으로 떨어진다. 이런 식이라면 우리의 관심은 하나님이 지구 가운데 있는 이유나 하나님이 물체를 끌어당기는 원인과 같은 문제가 된다. 과학과 기술이 충분히 발달하지 않는 조건에서 이런 문제에 일일이 답하다가는 갈피를 잡을 수 없다. 이런 영역은 전통 사회에서 대부분 신화나 전설과 같은 스토리의 영역이다.

갈릴레이는 운동의 본질만 묻는다. 물체가 떨어질 때 고려해야 할 너무 많은 것들이 있다. 물체의 색깔이나 무게 심지어 물체를 놓을 때 사람의 감정 상태 등도 고려 대상이다. 갈릴레이는 이 모든 것들 속에서 운동의 본질만 묻는다. 시간과 위치이다.

갈릴레이는 이를 자연현상의 이상화라고 했다. 자연현상을 여러 가지 사항들이 복잡하게 얽혀 있다. 그러나 그 모든 것을 고려해서는 한 걸음도 전진할 수 없다. 갈릴레이는 복잡한 현상 중 핵심만 간추려 본질을 추적하고자 했다.

$$y=x^2$$

갈릴레이는 피사의 사탑에서 두 개의 물체를 떨어뜨려 무거운 물체와 가벼운 물체 중 누가 빨리 떨어지는가를 확인하고자 했다. 무거운 물체가 빨리 떨어진다는 아리스토텔레스의 주장을 반박하기 위함이다.

높은 곳에서 지상으로 물체를 떨어뜨리면 순식간에 땅에 떨어진다. 당시 기술로는 이를 관측할 방법이 없다. 갈릴레이는 이를 대신하여 느슨한 경사로 실험을 고안한다. 느슨한 경사로에 눈금을 긋고 맥박을 통해 경사로를 굴러 내리는 공의 위치를 확인하는 것이다. 공이 굴러가는 시간과 위치를 확인하면 (0,0), (1,1), (2,4)…이고 이를 수학적으로 처리하면 $y=x^2$이다.

여기서 몇 가지를 확인하자.

첫째는 실험이 갖는 의미이다. 무거운 물체와 가벼운 물체 중 누가 빨리 떨어지느냐는 의문이 제기되었다고 하자. 아리스토텔레스와 전통 학자들은 함께 모여 골몰히 생각하거나 갑론을박하는 방법을 택했을 것이다. 그러나 갈릴레이는 애써 실험 도구를 제작하여 직접 시현해 보는 이전에는 볼 수 없었던 새로운 길을 택했다.

둘째. 수학적 도구를 사용한 점이다. 경사로 실험은 물리학 실험에 가깝다. 갈릴레이는 경사로에 눈금을 새기고 맥박을 통해 시간을 잼으로써 운동의 핵심인 시간과 위치에 수치를 부여하여 수학적으로 가공할 수 있는 길을 열었다. 시간과 위치에 수치가 부여되면서 운동은 $y=x^2$이라는 함수로 발전한다. 이제 경사로를 굴러 내리는 공은 $y=x^2$ 위를 움직이는 점이 되었다. 그리고 이를 무대로 미분이 출현한다.

극한값

갈릴레이는 경사로를 굴러 내리는 공의 움직임을 좌표위에 표현했고 $y=x^2$이라는 식을 얻었다. 공은 경사로를 굴러 내리기 시작하면서 점점 더 빨리 떨어진다. 우리는 공이 점점 속도를 높이며 굴러떨어진다고 말할 수 있다. 그럼 도대체 얼마나 빠른 것일까? 특정 시점 예를 들어 1초일 때의 공의 속도를 구체적인 수치로 표현할 수 있을까?

속도를 구하기 위해서는 적당한 시간 간격이 있어야 한다. 서울에서 부산까지 5시간 동안 500km를 갔다면 시속 500km인데 이는 5시간이라는 시간 간격이 주어졌기 때문이다. 반면 1초일 때의 속도는 시간 간격이 없기 때문에 기존 방법으로는 해결할 수 없다.

그러나 공의 궤적을 관찰하면 단서를 찾을 수 있다. (1,1)~(2,4)임으로 1초~2초일 때의 평균 속도는 3이고, (1.5,2.25)일 때의 속도는 2.5이다. 즉 1초일 때의 속도는 시간 간격을 계속 좁혀갈 때 나타나는 극한값으로 정의할 수 있다.

반드시 그래야 하는 이유는 없다. 1초일 때의 속도를

구체적으로 어떻게 정의할 것인가는 수학하는 사람의 창의성에 달려 있다. 위와 같이 극한으로 정의하는 것도 매우 참신하고 독창적인 아이디어이다. 어떤 고정된 결론이 있는 것이 아니라 여러 조건을 고려하여 새로운 지평을 열어내는 것이 중요하다는 의미이다.

위에서는 1초일 때의 속도를 극한으로 정의했다. 이런 식으로 속도를 정의하는 것은 19세기 수학자들의 발상이다. 17세기 뉴턴은 무한소로 정의했다. 즉 1초일 때의 속도는 1초에서 극히 짧은 시간 흘렀을 때의 시간과 거리의 비율이다. 수학적으로는 dl/dt이다. 사실상 같은 의미이다.

달과 사과

떨어지지 않는 걸까?

1665~1666년 뉴턴은 전염병을 피해 고향 마을에서 20대 초반을 보냈다. (갈릴레이가 죽은 해인 1642년 생이다.) 고향 마을에서 그는 사과와 달을 보며 의문에 휩싸인다. 뉴턴의 화두는 다음과 같다. 사과는 떨어지는데 왜 달은 떨어지지 않는 걸까?

이 질문은 단순한 수학과 물리학, 천문학 이야기가 아니다. 중세 카톨릭과 아리스토텔레스는 달을 경계로 지상과 천상이 구분된다고 생각했다. 달 위의 세계는 하나님이 사는 천상의 세계이기 때문에 원운동을 하는 반면 달 아래의 세계는 인간들이 사는 세계이기 때문에 낙하운동을 한다.

중세 카톨릭이나 아리스토텔레스에 따르면 하나님은 달 위 어딘가에 실제로 존재하고 지구 한가운데에 하나님이 만들어 놓은 우주의 중심이 실재했다. 우주는 하나님의 말씀과 함께 수천 년 전에 실제로 탄생했고 (당시에는 우주의 탄생을 그 정도로 보고 있었다) 세상의 종말은 1600년대 말 어느 때 실제로 벌어질 일이었다.)

따라서 사과는 떨어지는데 달은 왜 떨어지지 않는가라는 질문 자체가 시대를 앞서가는 질문이었다. 뉴턴은 하나님이 사는 천상계와 인간이 사는 지상계가 따로 있을 수 없고 우주 전체에는 단 하나의 법칙 즉 만유인력의 법칙이 존재한다고 믿었기 때문이다.

위 내용에 기초하여 뉴턴의 질문을 다시 요약하자면 다음과 같다. 사과가 떨어진다면 달도 당연히 떨어져야 하는데 달은 왜 떨어지지 않는가?

관성의 법칙

사과에 비해 매우 특별하게 보이는 달의 운동을 해명하기 위해서는 우주의 본성에 관한 이야기로 발전해야 한다.

우주 공간에 사과가 있다. 사과는 우주 공간에 둥둥 떠 있다. 이것이 우주의 본질이다. 우리는 뉴스나 영상을 통해 이런 장면을 쉽게 볼 수 있다. 반면 우주 공간에서 사과를 툭 밀면 특별한 다른 힘이 개입하지 않는다면 우주 깊은 곳으로 사라진다. 즉 정지해 있거나 일정한 속도로 움직이는 물체는 우주의 관점에서 보면 영원히 그 상태를 유지한다. 이것이 관성의 법칙이다.

우주 공간을 벗어나 지구의 중력 범위 안에 있는 사과는 매우 특별한 행동을 보인다. 지구 표면으로 떨어지거나 지구 표면 위에서 어느 정도 가다가는 멈춘다. 사과의 이런 움직임은 질량을 가진 지구라는 물체의 근접 범위에 있기 때문이다.

지금이야 쉽지만 갈릴레이-뉴턴이 살았던 시대에 관성의 법칙을 이해하는 것은 만만한 일이 아니었다. 인간 자신이 지구 중력을 당연한 것으로 간직한 채 진화했기 때문이다. 17세기 갈릴레이-뉴턴 이래의 물리학자들은 진화를 통해 내면화한 자신의 본성을 넘어서서 전진하고 있었다.

자 이제는 사과의 운동을 달까지 확장할 차례다. 달이라고 하나님의 특별한 은총을 받아 운동 법칙이 다를 수 없다. 달에게도 사과와 동일한 룰이 적용되어야 한다. 즉 떨어져야 한다. 그런데 이를 관성의 법칙에 적용한다면 달은 자신의 길을 가되 지구의 중력을 받아 돌면서 떨어져야 한다. 이것이 뉴턴 만유인력의 중요한 결론 중 하나이다

수학적으로 계산하고 예측하는 시대

이를 입증할 수 있을까? 뉴턴은 미분을 사용해 그것을 한다. 여기서는 그러려니 하고 지켜보기 바란다. 수학은 그냥 봐두는 것만으로도 가치가 있다.

사과를 지구 표면에서 자유낙하 하면 1초당 4.9m 떨어진 곳에 있다. 지구에서 달까지의 거리는 지구 반지름의 60배이기 때문에 지구가 달을 끌어당기는 정도는 1/3600이고 이를 거리로 환산하면 0.13cm이다. 달의 공전주기와 공전궤도 등을 고려하면 달의 위치를 특정할 수 있다. 이제 남은 것은 실제 관측했을 때 수학적 계산 결과와 맞는가 하는 점이다.

양자가 맞아떨어졌다. 수학적 계산치와 실제 관측결과가 맞아떨어지다니? 우리는 수학적으로 계산하고 예측

하며 어떤 사실의 진위를 보증하는 시대를 살고 있다. 그러나 몇백 년 전만 해도 그렇지 않았다. 갈릴레이와 뉴턴은 수학을 통해 세상의 많은 것을 판단하고 결정하는 시대를 열었던 사람들이다.

미분방정식

함수의 위력

사과 상자에 사과 몇 개가 들어 있다. 몇 개의 사과가 들어있는지 알기 위해 반대편 저울에 사과 3개를 올려놓고 저울의 움직임을 지켜볼 수 있다. 저울의 균형이 맞았다면 사과 상자에 3개의 사과가 들어있다고 추정할 수 있다. 수학적으로는 $x=3$이다.

사실 위 추론은 반드시 옳다고 볼 수 없다. 위 추론에서 우리는 사과 상자에 무게는 없고 사과 하나의 무게가 모두 같다는 비현실적인 가정을 했다. 그러나 소소한 것은 무시하고 큰 틀을 중심으로 수학을 설계하는 것이 수학의 기본 태도이다.

수학은 거기서 더 나아가 많은 일을 한다. $x=3$ 정도면 저울과 현실 모두를 실감할 수 있다. 수학은 현실에서 어떤 정도의 일반성만 획득하면 실제 현실을 넘어 존재하는 영역으로 확장한다. $x=35$, $x+45=243$와 같은 식들 말이다. 이들 식은 저울에 다는 것과 같은 구체적인 자연 현상을 통해서가 아니 기왕에 옳다고 확인된 사실 $x=3$, $x+1=4$에 비춰 옳다고 보는 것이다.

또 다른 예를 들어 보겠다. 나와 형이 1살 차이 난다고 하자. 내가 1살일 때 형은 2살이고 내가 3살일 때 형은 4살이다. 내 나이를 x, 형 나이를 y라고 했을 때 우리는 형과 내 나이 사이의 관계를 $y=x+1$이라고 추론할 수 있다.

사실 이 추론은 틀렸다. 나와 형의 시간이 항상 똑같이 흐른다는 보장이 없다. 특수 상대성이론에 따르면 시간은 모든 사람에게 다르게 흐른다. 그러나 지구의 일상생활의 관점에서 본다면 옳다고 간주해도 큰 무리는 없다.

일단 이렇게 방정식을 확보하면 우리는 놀라운 일을 할 수 있다. 30년 후의 일을 예측할 수 있는 것이다. 내가 30살이면 형은 31살이다. 이것이 함수의 위력이다.

가속도

중고등 수학에서는 함수를 주고 그것을 이리저리 다

루는 형태로 수업이 구성되어 있다. 즉 $y=x+1$이라는 함수가 주어졌을 때 x축 절편을 찾으라거나 $y=x^2+2x-1$과 같은 함수를 주고 그것의 그래프를 그리라는 식이다.

그러나 이런 태도에는 문제가 있다. 사실 함수가 주어지면 문제를 해결한 것이나 다름없다. $y=x+1$이라는 함수가 주어졌을 때 우리는 $x=30$이라는 함수를 대입하여 $y=31$이라는 구체적인 정보를 수치화된 형태로 정확히 구할 수 있다. 즉 함수를 수식이라는 형태로 알 수 있다면 할 수 있는 일을 다 한 것이나 다름없다. 주어진 함수를 가지고 무엇을 할 것인가는 상대적으로 가치가 떨어지는 응용에 해당한다.

뉴턴이 만유인력의 법칙을 밝히는 과정에서 사용한 미적분의 핵심 아이디어는 우리가 찾고자 하는 함수를 일단 미분이 포함된 방정식으로 정리한 뒤 일정한 수학적 조작을 통해 우리가 원하는 함수를 얻을 수 있는 길을 발견했다는 점이다.

다시 만유인력으로 가보자. 지구가 사과를 끌어당기면 사과는 지구를 향해 떨어진다. 이때 일정한 것은 시간에 따라 속도가 변하는 정도 즉 가속도이다. 즉 a=9.8이다. 가속도는 거리를 시간에 대해 두 번 미분한 것이다. 그럼 앞에서 100m에서 떨어진 물체의 운동을 가속도가 일정하다는 점에서 도출해 보자. (역시 잘 모르더라도 한번 봐두는 것이 좋다)

a=9.8

v=9.8t+c

물체를 가만히 놓은 것이므로 t=0일 때 v=0이다. 즉

v=9.8t(가속도 9.8은 지구 표면에서 항상 일정하다. 이를 중력가속도라 하며 g라 쓴다.)

이를 다시 적분하면

$s=\frac{1}{2}gt^2+c$

t=0일 때 s=100이므로

$s=\frac{1}{2}gt^2+100$이다.

즉 중력에 의한 낙하운동은 이차함수의 형태를 띤다.

뉴턴이 위대한 까닭

17세기 갈릴레이와 뉴턴 이후 수학의 시대가 열렸다. 이제 사람들은 수학을 통해 예측하고 수학을 통해 옳고 그름을 따지는 시대로 접어들었다. 그럼 갈릴레이와 뉴턴이 했던 구체적으로 어떤 역할이 수학의 시대를 가져온 원인일까를 생각해 볼 수 있다.

이에 대해서는 영국의 유명한 수학자 이언 스튜어트의 말을 소개한다.

"뉴턴이 위대했던 까닭은 자연의 패턴이 어떤 양 자체가 아니라 그 양의 도함수 형태로서 드러남을 발견했기 때문이다. 자연의 법칙은 미적분학의 언어로 쓰여 있으며 중요한 것은 물리적 변수의 값이 아니라 그 값의 변화율이다. 이 심오한 통찰 덕분에 과학혁명이 초래되었으며 이 혁명 덕분에 결과적으로 현대과학이 생겨났다. 이후로 우리가 사는 세상은 완전히 달라지고 말았다."('교양인을 위한 수학의 역사', 이언 스튜어트, 반니 186쪽)고 말한다.

이를 요약하면 다음과 같다.

첫째, 자연의 본질이 도함수, 변화율이라는 형태를 띠

고 있는 점. 둘째, 따라서 자연의 본질을 미분이 포함된 방정식, 미분방정식이라는 형태로 나타낼 수 있는 점. 셋째, 합리적인 추론을 통해 미분방정식을 세울 수 있는 점. 넷째, 미분방정식을 풀어 자연의 관계를 담고 있는 함수를 구할 수 있다는 점이다.

전체적으로 인간은 자연현상을 면밀히 관찰하여 자연현상을 수학적으로 모델링하고 이를 통해 자연현상을 구체적으로 이해 제어할 수 있게 된 것이다. 이언 스튜어트에 따르면 뉴턴의 업적은 미분을 통해 만유인력의 법칙을 밝혀낸 것을 넘어 자연현상을 수학적으로 다룰 수 있는 새로운 시대를 열었다는 점이다.

넓이 구하기

모든 도형은 삼각형들로 쪼갤 수 있다

비가 많이 내리는 철이면 아프리카 북부 고원지대에 엄청난 양의 비가 내린다. 아프리카 고원지대에서 시작된 나일강은 고원지대의 비옥한 흙을 나일강 하류에 쏟아 놓는다. 이것이 이집트에서 문명이 태어난 배경이다.

고원지대에서 쓸려 내려온 흙 때문에 비가 온 후에는 농사가 잘 되었다. 농사가 잘 되는 것은 좋았지만 비온 후의 농지의 경계를 다시 만드는 것이 문제였다. 덕분에 이집트에서는 농토의 길이와 넓이를 재는 일이 국가의 중대사였다. 특히 농토의 넓이를 구하는 작업은 세금을 얼마나 매길 것인가와 관련된 매우 중요한 문제였다.

직사각형 모양이라면 가로 곱하게 세로 하면 말이 된다. 아마도 돌멩이를 3개씩 4개로 늘어놓으면 모두 12개가 된다는 점에 착안했을 것이다. 삼각형의 넓이라면 약간의 아이디어가 필요하다.

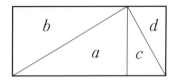

위 그림처럼 일단 직사각형의 넓이를 구한 뒤 a=b, c=d임을 고려하여 직사각형의 넓이를 반으로 나누면 된다. 지금 우리가 알고 있는 삼각형의 넓이를 구하는 공식은 그렇게 만들어졌다. 일단 삼각형의 넓이를 구할 수 있다면 다른 도형의 넓이를 구하는 것은 어렵지 않다. 모든 도형은 삼각형들로 쪼갤 수 있기 때문이다.

원의 넓이

문제는 원과 같이 곡선으로 둘러싸인 도형의 넓이였다. 여기서부터 인간의 사고는 극적으로 비약하기 시작한다.

지름이 9인 원의 넓이를 생각해 보자. 세금을 걷는 것이 목표라면 적당히 재면 된다. 지름이 9인 원의 넓이는 한변의 길이가 8인 정사각형의 넓이와 유사하다. 따라서 지름이 9인 원의 넓이를 그냥 정사각형의 넓이와 같다고 보면 된다. 실제로 계산해도 두 개의 도형의 넓이는 거의 유사하다. 이건 고대 이집트의 문서 아메스 파피루스에 있는 실제 문제이다.

　그러나 사람들은 여기서 더 나아간다. 여기서도 기발한 착상이 중요하다. 먼저 원을 4개의 조각으로 잘라 보자. 피자를 샀을 때 4조각 냈다고 보면 된다. 그럼 원은 오른쪽 그림처럼 재배열된다. 자르는 횟수를 점점 늘려 가면 즉 무한히 많이 자르면 재배열된 원은 점점 직사각형 모양이 된다. 가로가 원의 둘레의 $\frac{1}{2}$이고 세로가 반지름이므로 원의 넓이는 πr^2이다.

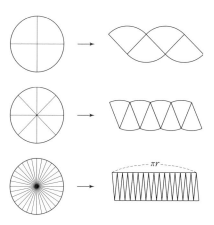

이 방법은 수학의 본질과 관련하여 매우 심오한 몇 가지 특징을 잘 보여준다. 첫째는 일종의 사고 실험이라는 점이다. 원을 4조각이나 8조각 낼 수 있다. 그러나 원을 무한히 쪼갤 수는 없다. 이건 실제 실험으로는 불가능한 일종의 상상을 통한 실험이다. 이런 형태의 실험을 사고 실험이라고 한다.

수학은 사고 실험을 통해 실제 물리적으로 할 수 없는 일들을 한다. 현실에서는 진행할 수 없는 일을 수학적 도구 위에서 처리한 후 이를 다시 현실에 적용하는 것이다. 이것이 수학이 인류 문명 특히 자연과학에 강력한 영향을 미쳐 온 구체적인 경로 중 하나이다.

두 번째 특징은 극한이다. 3+4=7이고, 삼각형의 내각의 합은 180도이다. 이런 수학적 사실의 특징은 답이 특정한 어떤 값으로 정확히 떨어진다는 점이다. 국어나 사회는 답이 여러 가지가 있을 수 있지만 수학은 하나의 값으로 떨어지는 특징이 있다고 말하는 경우가 있다. 요약하자면 수학은 다른 어떤 분야보다 명료함을 특징을 한다는 것이다.

그러나 수학은 생각보다 유연하고 부드러운 학문이다. 위 원의 넓이는 3+4=7처럼 어떤 값으로 딱 떨어지지 않는다. 그렇게는 답을 구할 수 없다. 수학은 여기서 좌절하지 않고 상상하고 비약한다. 원을 이리저리 자를 때 나타나는 어떤 특성에 주목하는 것이다. 원을 자르는 횟수를 늘릴수록 오른 쪽의 모양은 사각형에 가까워진다. 그리고 이를 포착하여 수학적으로 구성한 후 문제를 처리하는 것이다. 이런 수학적 테크닉을 극한이라 한다. 미적분은 극한을 응용한 대표적인 분야이다.

임의의 곡선으로 둘러싸인 도형의 넓이

원을 무수하게 자르면 자른 도형을 재배열한 모양은 점점 더 사각형에 접근한다. 넓이는 πr^2에 근접한다. 고대 사회에서는 여기까지였다. 원의 경우는 원점을 중심으로 완전 대칭이기 때문에 넓이를 구하는 것이 쉬웠지만 임의의 곡선으로 둘러싸인 도형이라면 보다 일반적인 접근이 필요하다. 이를 위해서는 17세기 미분을 기다려야 한다.

미적분학의 기본 정리

미적분의 역사

미적분의 역사를 개괄해 보자. 적분의 뿌리는 농토의 넓이 구하기이다. 따라서 매우 오래된 학문이다. 농토의 넓이 구하기 과정에서 매우 다양한 시도와 모색이 있었다. 반면 17세기 미분은 순간 변화율을 구하는 것이다. 그런데 17세기 넓이를 구하는 과정에서 미분을 활용한 방법에 성공하면서 미적분이 된 것이다.

미적분은 세상을 수학적으로 모델링하고 제어할 수 있는 획기적인 시대를 열었다. 사람들은 열, 소리,전기 등에 미적분을 적용하며 자연에 대한 통제력을 확보했다. 19세기 미적분학의 기초를 튼튼히 하려는 노력이 있었고 그 결과 lim를 중심으로 미적분을 전반적으로 개작하기에 이른다.

미분과 적분의 관계

여기서는 미적분의 역사 중 미분과 적분의 관계가 해명되고 미분에 기초하여 넓이 구하기를 하는 과정을 소개한다.

먼저 넓이를 구하는 과정을 수학적으로 정립해야 한다. 고대 이집트라면 피라미드 건설 현장에서 밧줄이나 말뚝으로 만들어진 도형의 넓이이다. 그리스라면 작도와 자를 이용해서 보다 엄밀한 그림을 만들었을 것이다. 미적분에서 넓이 구하기는 함수와 x축 사이에 생긴 공간의 넓이를 의미한다.

임의의 함수 $y=f(x)$와 x축, x=a, x=b까지로 둘러싸인 도형의 넓이를 구한다고 하자. 여기서 우리는 두 가지 함수를 생각할 수 있다. a~b에서 임의의 x를 잡았을 때 그때의 함수값 f를 종속변수로 하는 함수와 a~x까지의 넓이를 종속변수로 하는 함수이다. 전자는 f라는 이름이 주어져 있으므로 후자에 s라는 이름을 붙이도록 하자. 핵심은 f와 s사이의 관계이다.

a~b 사이의 임의의 x에 대해 적당한 값 Δx를 잡으면 $\Delta s = f(\Delta x)$ 이다. Δx를 0으로 접근시키면 $ds = f(dx)$이

다. 이는 f와 s가 미분-적분관계임을 의미한다.

즉 $\int_a^b f(n)dx$에서 우리는 넓이를 관통하는 함수를 생각할 수 있다. 이 함수를 $F(x)$라고 한다면 이 넓이 함수가 함수값을 종속변수로 하는 함수 f와 서로 미분과 적분 관계이다. 따라서 $\int_a^b f(n)dx$를 구함에 있어 미분해서 $f(x)$가 되는 함수 $F(x)$를 구한 후 구하고자 하는 구간 a와 b를 대입하여 문제를 해결할 수 있다.

미분과 적분을 넘나드는 과정

사실 $y=f(x)$와 x축 사이의 넓이는 다른 방법으로도 구할 수 있다. 원의 넓이를 구하는 것처럼 원을 적당히 잘라 극한을 활용하는 방법으로도 구할 수 있다. 그러나 미분과 적분이 서로 역의 관계를 이용하는 방법이 훨씬 보편적이고 간편하다. 앞에서 든 예를 통해 설명해 보겠다.

지구 표면에서의 가속도는 a=9.8로 일정하다. 여기서 시간-속도 함수를 구하려면 적분해야 한다. 적분하면 v=9.8t+c이다. 여기서 물체를 가만히 놓은 것이므로 t=0일 때 v=0이다. 즉 v=9.8t이다.

이를 다시 적분하면 $s=\dfrac{1}{2}gt^2+c$ 가 되는데 t=0일 때 s=100이라고 놓으면 $s=\dfrac{1}{2}gt^2+100$ 이 된다.

이 과정에서 두 가지 점을 확인할 수 있다. 가속도가 9.8이라는 것은 지구 규모의 질량을 가진 물체가 발휘하는 중력가속도이다. 즉 정해진 값이다. 그러나 이를 미적분하는 과정은 방정식을 푸는 것과 같은 수학적 테크닉에 가깝다. 특히 c를 미지수로 놓고 경우에 따라 이를 적용하는 과정(t=0일 때 s=100으로 놓을 수도 있지만 경우에 따라 0으로 놓을 수도 있다)은 좌표를 사용하는 것과 같다.

자연의 본질을 알았다고 다 되는 것은 아니다. 자연의 본질을 수학적으로 구성하고 이를 자유롭게 구사할 수 있어야만 자연의 본질에 더 가깝게 접근할 수 있다. 미분과 적분을 넘나드는 과정이 그러하다고 볼 수 있다.

본론)

- dx를 통한 넓이.부피 계산

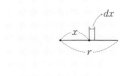

원의 넓이와 구의 부피를 구하는 과정

　미분과 적분을 잘 활용하면 일상생활의 다양한 문제를 매우 손쉽게 처리할 수 있다. 아래서는 원의 넓이와 구의 부피를 구하는 과정을 소개한다. 주의해야 할 점은 수식이 잘 이해가 되지 않더라도 봐두어야 한다는 점, 둘째, dx와 같은 기호를 적극적으로 활용해야 한다는 점이다.

$$x^2 + y^2 = r^2$$

　반지름이 r인 원이 있다. 원의 중심을 좌표 원점으로 잡으면 우리는 $x^2 + y^2 = r^2$이라는 함수를 얻을 수 있다. 원점에서 x축의 양의 방향으로 일정한 거리 x만큼 가면 거기서 dx 를 얻을 수 있다.

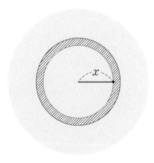

dx는 0은 아니지만 0에 가까운 양이다. 위 그림에서 $2\pi x dx$를 얻을 수 있다. 원판에서 원의 중심에서 반지름이 x가 되는 반지름 하나를 수학적으로 표현한 것이다. 이제 이들 원 등을 모두 끌어모으면 원판의 넓이가 된다. 이를 수학적으로 처리하면 $\int_0^r 2\pi x dx = \left[\pi x^2\right]_0^r = \pi r^2$ 이 된다.

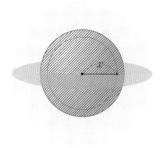

구의 부피

같은 방법으로 구의 부피도 간단히 구할 수 있다. 반지름이 r인 구를 생각하자. 구의 중심을 좌표 원점에 두고 구의 중심에 일정한 거리 x 떨어진 점을 잡자. 여기서 dx 떨어진 것을 생각하면 $4\pi x^2 dx$이라는 원을 생각할 수 있고 이런 원을 0~r만큼 끌어모으면 구의 부피가

된다. 이를 수학적으로 처리하면

$$\int_0^r 4\pi x^2 dx = \left[\frac{4}{3}\pi x^3 \right]_0^r = \frac{4}{3}\pi r^3$$

이다.

수학은 기호의 학문

수학은 기호의 학문이다. 기호는 복잡한 상황을 함축적으로 표현하고 사고를 전개하는 유용한 길잡이가 된다. 필자가 보기에 dx가 그러하다.

원론과 프린키피아

원론

고대 그리스 기하학을 집대성한 사람이 유클리드이다. 유클리드는 고대 그리스 기하학을 집대성한 책 '원론(elements)'를 썼다. 흔히 어떤 학문을 종합적으로 개괄한 책을 원론 또는 개론이라고 부른다. 경제학 원론, 물리학 개론 등이 그러하다. 유클리드가 책의 이름을 원론으로 정한 것은 고대 그리스인들의 기하학적 성과를 총정리했다는 의미이다.

실제로 원론의 구성이 그러하다. 원론은 피타고라스의 정리와 같은 어떤 수학적 사실에 대한 소개를 넘어 기하학 지식 전체를 종합하려는 의도와 지향을 갖고 있다. 따라서 그는 애써 기하학의 기초가 되는 몇 가지 문제들을 정리하고 여기서부터 책을 시작한다.

원론은 먼저 23개의 정의를 시작한다. 23개의 정의 중

첫 번째는 유명한 "점은 쪼갤 수 없는 것이다" 사실을 거슬러 거슬러 기원에서부터 문제를 설명하고자 하는 자세를 엿볼 수 있다. 이어 5개의 공리로 이어진다. 여기에는 5번째로 유명한 평행선 공리가 있다. 다음으로는 5개의 상식이 있다. 상식 5번째는 "전체는 부분보다 더 크다"는 내용이 있다. 원론은 23개의 정의, 5개의 공리, 5개의 상식에 기초하여 465개의 정리를 담고 있다.

원론은 수학을 넘어 철학적. 사회적 측면에까지 광범위하게 결정적인 영향을 미쳤다. 원론은 몇 가지 공리에 기초하여 연역적으로 진리를 구성하는 방법을 제시했다. 경험적 사실로부터 의미 있는 결론을 도출하는 것은 상대적으로 쉬운 일이다. 그러나 경험이라는 한계에 묶여 있는 만큼 만인이 승복할만한 권위를 도출하기 어렵다. 반면 공리로부터 진리를 구성하는 방법은 일정한 사회적 합의를 도출할 수 있다면 많은 사람들이 폭넓게 받아들일 수 있는 진리 체계를 만들 수 있다.

따라서 프랑스 인권선언이나 미국 독립선언서와 같은 근대 사회의 기념비적인 문서들 다수가 원론의 서술 방식을 따르고 있다. 가령 모든 인간은 평등하다라는 사실을 공리로 채택한 후 이로부터 논리적으로 다양한 사회적 원리들을 도출하는 것이다. 그런 면에서 원론은 수학책을 넘어 근대 사회의 운영원리를 논리적으로 도출한 새로운 사고의 전범이라 할 수 있다.

중학교 때 기하를 배우면서 체계적이고 논리적인 증명을 중시하고 이를 강조하는 이유도 그것이 수학을 넘어 시민 윤리와 직결된다고 보기 때문이다.

프린키피아

원론이 근대 사회에서 강력한 영향을 미친 만큼 근대 지식인들은 원론의 영향을 받았다. 뉴턴도 예외가 아니다. 뉴턴은 1687년 그의 저서를 '자연철학의 수학적 제원리'라 명명했다. 자신의 책이 유클리드의 원론과 비슷한 레벨이라는 것이다. 여기서 원리는 영어로 principle인데 이를 라틴어로 읽으면 프린키피아이다. 덕분에 뉴턴의 책을 간단히 일컬을 때 프린키피아라고 부른다.

제목뿐만 아니라 형식도 원론 그대로이다. 프린키피아에서 뉴턴은 8개의 물리량을 정의하고 3개의 운동법칙을 공리로 채택한다. 이어 지상에서 다양한 원리들을 정리한 후 3권에서 태양계를 분석한다. 원론의 설명 방식 그대로이다.

유클리드의 원론이나 뉴턴의 프린키피아 모두 실제 원문으로 보면 원저작을 가공한 글을 읽을 때와는 사뭇 다른 느낌을 받는다. 유클리드의 원론에는 숫자가 거의 등장하지 않는다. 반면 뉴턴의 프린키피아는 고대 그리스 기하학으로 뒤덮여 있다. 뉴턴이 미분을 창시한 점을 고려하면 프린키피아에는 미분으로 가득할 것 같지만 전혀 그렇지 않다. 뉴턴은 지금 우리가 보기에는 너무나 생소한 그리스 기하학을 동원하여 고통스럽게 운동법칙을 증명한다.

사실 그리스 기하학은 매우 정적인 대상을 다루는 과정에서 기원했다. 정적인 대상을 다루는 과정에서 출발한 수학 체계를 가지고 행성의 운동과 같은 운동과 변화를 설명하는 것은 쉽지 않았을 것이다. 이런 필요가 운동과 변화에 특화된 미적분을 낳은 동력일 것이다. 언제나처럼 역사는 인간의 필요에 의해 모습을 드러낸다.

05

확률

극한-확률

정의가 매우 조작적이다

주사위를 던져 1의 눈이 나올 확률은 $\frac{1}{6}$이다. 이게 무슨 뜻일까? 주사위를 6번 던진다고 1의 눈이 1번 나온다는 보장은 없다. 마찬가지로 주사위를 120번 던진다고 20번 나온다는 보장도 없다. 주사위를 던져서 무엇이 나올지는 우연이다.

주사위를 던져서 1의 눈이 나올 확률이 $\frac{1}{6}$이라고 단정적으로 주장할 수 없다. 따라서 주사위를 던져 1의 눈이 나올 확률에 대해 묻는다면 일단은 답을 알 수 없다고 말해야 한다. 그러나 그렇게 내던져버리기에는 확률은 너무 매혹적인 세계이다. 그래서 수학자들은 교묘한 정의를 고안해낸다. 주사위를 던지는 횟수가 작을 때보다 던지는 횟수가 많아질수록 어떤 경향이 나타나는데 이를 수학적 원리로 채택하는 것이다.

여기서 주목할 것은 사물에 접근하는 방식이다. 우리는 무엇일 때 무엇이다와 같은 단정적인 세계에 익숙하다. 돌멩이 2개+돌멩이 3개는 돌멩이 5개로 정확히 떨어진다. 반면 위 사고방식은 그런 세계와는 다른 감각을 요한다. 질문의 내용보다 질문의 구조에 주목해 보면 다음과 같다. (던지는 횟수)를 늘릴수록 (1의 눈이 나올 확률은 $\frac{1}{6}$)에 접근한다.

주사위를 던질 때 나오는 눈의 세계는 우연의 세계이다. 뭐라고 단정내리기 어렵다. 따라서 섣불리 결론을 내리는 관점에서는 다루기 어려운 세계이다. 이때 극한을 사용해 상황을 처리하여 이를 세상을 다루는 지적 도구로 활용한다.

흥미 있는 것은 이런 정의가 매우 조작적이라는 점이다. 우연히 주사위를 6번 던져 1의 눈이 1번 나오고 120번 던져 19번 나왔다고 하자. 이런 경우라면 n=6일 때 확률이 $\frac{1}{6}$ 인 반면 n=120일 때는 $\frac{1}{6}$ 이 아니다. 던지는 횟수를 늘린다고 $\frac{1}{6}$ 에 접근한다는 보장도 없는 것이다. 그럼에도 대충. 개략적으로. 어림잡아 던지는 횟수를 늘리면 $\frac{1}{6}$ 에 접근한다고 넘겨짚는 것이다.

수학은 매우 실용적이고 탄력적이다

수학자들의 이런 태도를 기억할 필요가 있다. 수학을 너무 딱딱하게 보지 말아야 한다. 위 사례에서 보듯 수학자들은 우연이라는 세계에서 실낱같은 틈새를 찾아 수학적으로 문제를 처리한다. 이런 기민하고 유연한 태도가 우연의 세계를 탐구할 지렛대가 된다.

극한을 동원하여 우연을 넓고 개략적으로 정의하면 확률을 인간과 사회에 적용할 가능성이 생긴다. 인간과 사회의 특징 중 하나가 우연이기 때문이다.

학생 중 10%가 수포자라고 하자. 따지고 보면 매우 황당한 주장이다. 일단 수포자를 수학적으로 정의하기 어렵고 그 정도를 계산하는 것도 만만치 않다. 그러나 수포자라는 대상을 정의하고 그 분포가 어느 정도인지를 판단하는 것은 사회적으로 필요한 일이다.

너무나 많은 것들이 그러하다. 엄밀하게 정의하기는 어렵지만 분명 그에 해당하는 집단이 있고 다소 틀리더라도 그런 사람들의 규모를 수치로 판단하는 것이 필요하다. 우리나라에서 진보적인 사람들의 규모? 고등학생중 미래에 대해 비관적인 생각을 가지고 있는 학생들의 정도? 같은 것들이 그러하다.

이런 경우 한치의 예외가 없이 어떤 잣대에 따라 판단한다는 전통적인 방식으로는 해결책을 찾기 어렵다. 아마도 수학과 수식에 치여 결국 포기하게 될 것이다. 중요한 것은 기존 방식에 얽매이기보다는 목표에 맞게 유연하게 사고하는 것이다.

수학에 대해 갖고 있는 선입관(수학은 엄밀한 학문이다)과 달리 수학은 매우 실용적이고 탄력적인 입장을 취할 때가 많다. 확률과 극한을 결합하여 인간과 사회를 수학의 세계로 끌어들이는 과정이 그러하다.

베이즈의 정리 1

스팸 메일의 분류

하루에도 수많은 메일이 온다. 메일 중에는 내게 필요한 것도 있지만 스팸도 적지 않다. 스팸 메일을 일일이 열게 된다면 화부터 치밀어 오를 것이다. 따라서 스팸 메일을 시작부터 따로 분류하여 내가 보지 않도록 미리 처리하고 싶다. 효과적인 방법이 없을까?

내게 온 메일을 하나 하나 열어서 스팸인가 아닌가를 확인한 후 스팸이 아니라고 판단되는 경우만 내가 보도록 할 수 있다. 하루에도 수많은 메일이 오기 때문에 이런 방식으로는 비효율적이다. 난망한 것은 스팸인지 아닌지를 정확히 정의하기 어렵다는 점이다. 스팸이라는 단어 자체가 애초부터 주관적이기 때문이다. 평소에는 금융기관의 대출 서비스 광고가 스팸일 수 있지만 사정이 급할 때는 귀중한 정보가 되기 때문이다.

따라서 스팸인지 아닌지를 명확히 정의하는 방식은 좋은 해결책이 아니다. 여기서 스팸인가 아닌가와 같은 주관적인 지표를 객관적인 지표로 대체할 수 있다. 스팸 메일의 특징을 생각해 보자. 스팸 중 다수는 뭔가를 파는 것이 목적이다. 이들은 판매 가능성을 높이기 위해 요금은 나중에 지불해도 좋다고 제안할 수 있다. 요컨대 '후불'이라는 단어를 포함하고 있을 가능성이 크다.

그렇다면 스팸인가 아닌가를 '후불'이라는 단어를 포함하고 있는가 여부로 바꾸어 놓을 수 있다. 그럼 인공지능은 메일을 이 기준에 따라 빠르게 분류할 수 있다. 온 메일에서 후불이라는 단어가 포함되어 있으면 거두절미하고 스팸으로 분류하는 것이다.

키워드 지정 효과

위 상황이 얼마나 효과적인가를 수학적으로 검증해 보자.

	스팸메일	스팸메일이 아님	
후불제 문구	5통	5통	10통
후불제 문구 없음	5통	85통	90통
	10통	90통	100통

전체 메일에서 스팸 메일은 대략 10%, 후불제라는 문구를 단 경우의 50%가 스팸, 전체 메일에서 후불제 제목을 단 경우를 10%라고 가정하면 다음과 요약할 수 있다.

스팸 메일의 특징이 후불제 문구를 담고 있는 것이라고 하면 100통의 메일에서 90통의 메일만을 받을 수 있다. 90통 중에는 5통의 스팸 메일이 여전히 들어있지만 후불제라는 문구가 있다면 스팸일 가능성이 크다는 아이디어를 통해 5통의 스팸 메일을 제거했다. 후불제 문구라는 사소한 단서를 활용한 점, 후불제 문구를 가진 메일을 무조건 제거한다는 단순한 절차를 이행한 점을 고려하면 매우 효과적인 방식으로 볼 수 있다. 위와 같은 테크닉을 여러 번 사용하면 효과적으로 스팸을 걸러낼 수 있다.

수학적 알고리즘

위 과정의 특징은 상황이 매우 모호하고 추상적이라는 점이다. 스팸 메일인가 아닌가를 명확히 정의하기 어렵다. 이럴 경우 이를 정의하려 노력하기보다는 적당한 대용 지표로 이를 대신할 수 있다. 위 경우는 스팸 메일은 후불제라는 문구를 담고 있다는 점이다.

다음으로 스팸 메일이면 후불제라는 문구를 담고 있다는 것은 대강의 추론이다. 내가 받은 메일 중에서 10% 정도가 스팸이고 스팸 메일에서 50% 정도가 후불제라는 문구를 담고 있다는 것도 추정이다. 위 계산의 상당수가 그러하다. 그럼에도 2+3=5와 같은 알고리즘이 작동한다. 즉 계산이 가능하고 수치화된 결론을 도출할 수 있다.

결론적으로 베이즈 정리는 스팸 메일이 후불제라는 문구를 담고 있다는 대강의 추론에서 스팸 메일을 걸러낸다는 결론으로 가는 수학적 알고리즘과 결론을 효과적으로 끌어낸 것이다.

베이즈의 정리 2

치사율 90%인 전염병이 있다. 먼 오지를 다녀온 여행객이 전염병이 걸린 것이 확인되면서 보건 당국에 비상이 걸렸다. 다행히 병을 진단할 수 있는 시약이 있다. 시약은 99%의 정확성을 갖고 있다.

뉴스 특보가 실리면서 전국에 비상이 걸리기 시작했다. 이런 가운에 병원에서 진단받은 A가 전염병에 걸린 것으로 확인되었다. 치사율 90%, 시약의 정확도도 99%에 육박한다. 그렇다면 이 사람은 전염병에 걸린 것으로 봐야 하지 않을까?

상황을 요약하면 다음 표와 같다. 편의상 전체 인원을 10000명이라 하자.

	병에 걸림	병에 걸리지 않음	
양성반응	99...1)	99...2)	198
음성반응	1	8901	8902
	100	9900	10000

검사를 통해 양성 반응을 받은 사람은 1)+2)이고 이 중 병에 걸린 사람은 1)이다. 99/99+99=1/2이다. 99%

정도의 정확성을 가진 검사 결과지만 결과는 50%를 넘지 않는다.

이 과정을 수학적으로 처리한 것이 베이즈 정리(조건부 확률)이다. a가 실제로 병에 걸렸는가 아닌가를 따지기 위해서는 검사 결과 양성 반응을 보였다는 조건(사전 정보)이 주어져 있으므로 양성 반응을 보인 사람을 전체로 판단해야 한다는 점이다.

위 과정에서 주목할만한 점은 상식과 수학적 확률 사이의 괴리이다.

진화와 확률

우주의 본성과 부합하지 않는 DNA

우주 공간에 사과가 떠 있다. 우주 공간에 떠 있는 사과는 둥둥 떠 있는 것이 정상이다. 우주 공간에 떠 있는 사과를 툭 민다면 사과는 우주 공간 멀리 한없이 멀어진다. 이 또한 우주의 본성이다.

반면 인간은 46억년 전 태어난 태양계의 자그만 행성에서 진화했다. 인간의 몸속에는 우주의 본성과 부합하지 않는 DNA가 세팅되어 있다. 우주 공간에 인간이 있으면 인간은 둥둥 떠 있게 되는데 지구 중력에 붙들려 지구 표면에 안정감 있게 살고 있는 인간의 본성과 충돌한다. 심지어 우주복을 입지 않고서는 피부 안팎의 압력을 맞출 수 없다.

학습과 학률

인간과 수학의 관계도 그러하다. 인간은 지구 위에서 나서 자라면서 지구라는 특별한 환경에 세팅되어 있고 수학도 그에 맞게 발전했다. 그 중 하나가 확률이다.

인간을 만든 아프리카 열대우림이나 사바나 초원으로 가보자. 덤불 속에 사자 비슷한 무엇인가가 있다. 나뭇가지인데 사자 꼬리와 비슷하다고 치자. 이를 발견한 우리 선조는 결정을 내려야 한다.

일단 우리 선조에게는 충분한 정보가 주어져 있지 않다. 수학 문제와 달리 대부분의 인간 생활에서 정보는 충분치 않다. 정보가 충분치 않더라도 결정을 내려야 한다. 여기서 유클리드처럼 하나하나 조건을 고려하여 합리적인 이유를 달고 결정하다가는 그 사람의 유전자는 지금 우리에게 남아 있지 않을 것이다.

선조는 충분치 않은 정보를 바탕으로 무언가를 결정해야 한다. 여기서 필요한 것은 직관-넘겨짚기이다. 뇌가 선조의 사고기능을 보완한다. 뇌는 감각기관에서 전해져 오는 불완전한 정보를 통합하여 하나의 결론을 내리도록 발전했다. 당연하다. 사자 꼬리를 닮은 무엇인가가 있다면 그것이 사자인지 아니면 사자 꼬리를 닮은 나무 가지인지를 결정내려야 한다. 중간은 없다.

이때 결정을 내리는 기준은 무엇일까? 학습 또는 확률이다. 오랜 기간의 경험과 학습을 통해 선조는 덤불속의 낯선 물체를 확률적으로 판단한다. 65% 사자-35% 나뭇가지와 같이 말이다.

그러나 인간의 감각기관-행동체계는 65대 35로 발전하지 않았을 가능성이 크다. 야생의 세계에서 그런 냉정함은 화를 부르기 십상이다. 객관적으로는 65대 35이지만 선조의 반응 체계는 조금 더 보수적으로 작동할 가능성이 크다. 55대 45대 정도 사자일 가능성이 55%만 되더라도 도망치는 것이 옳다.

수학의 도움을 받아야 한다

오랜 시간이 흘렀다. 인간은 이제 사자를 넘어섰다. 그러나 구석기 이래 인간의 DNA와 감각체계에 들어 있는 본능은 사자를 넘어선 지금의 우리와 다르다. 여전히 우리는 구석기 인류의 생각을 갖고 있다. 따라서 지금의 우리는 여전히 덤불 속의 무언가에 질겁하던 그 시대의 감수성을 갖고 있다.

인간이 확률에 취약한 이유이고 합리적인 인간의 삶을 위하여 수학의 도움을 받아야 하나는 이유이기도 하다.

집합과 무한

무한

마라톤 선수가 있다. 첫째 날 1km, 둘째 날 1/2, 셋째 날 1/4과 같은 식으로 평생을 달린다면 결국 어디에 도달할까? 평생을 달린다는 것은 무한에 해당한다. 당연히 무한히 달린다면 달린 거리도 무한할 것으로 생각할 수 있다.

마라톤 선수가 달린 거리는 다음 그림과 같다. 평생을 달리더라도 점 a)를 넘지 못한다. 이를 수학적으로 처리하면

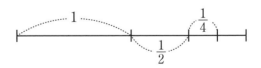

$1+\dfrac{1}{2}+\dfrac{1}{4}+\dfrac{1}{8}+\cdots\cdots=2$이다.

농부가 있다. 가로 세로 1인 정사각형 모양의 밭을 간다고 하자. 첫날 1/2을 갈고 둘째날 1/4, 셋째 날 1/8과 같이 간다고 하자. 그렇게 평생 즉 무한히 밭을 간다면 어떻게 될까? 이 역시 다음 그림처럼 모서리 b)에 접근한다.

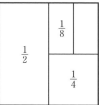

역시 수학적으로 처리하면 $\frac{1}{2}+\frac{1}{4}+\frac{1}{8}+\cdots=1$이다.

칸토어의 무한이론

위 식을 그림이 아니라 수식으로 처리할 수 있다.

$$x=1+\frac{1}{2}+\frac{1}{4}+\frac{1}{8}+\cdots\cdots \text{ 가)}$$
$$x=1+\frac{1}{2}\times\left(1+\frac{1}{2}+\frac{1}{4}\cdots\cdots\right) \text{ 나)}$$
$$x=1+\frac{1}{2}x$$
$$x=2\text{이다.}$$

위와 같이 계산해도 좋을까? 위 식에서 밑줄 친 가)의 부분에 속하는 나)를 x라고 놓았다. 즉 우리는 전체 안에 있는 부분을 전체와 같다고 놓은 것이다.

유클리드는 책 <원론>에서 공리를 채택한다. 공리 중 하나가 전체는 부분보다 크다는 것이다. 너무 당연한 이야기다. 집안에 냉장고가 있다면 당연히 집이 냉장고보다 커야 한다. 그러나 무한의 세계에 들어가면 이야기가 달라진다. 전체가 부분과 같을 수 있는 것이다.

무한은 수학의 보고 중 하나이다. 무한을 본격적으로 탐구한 사람은 19세 후반의 수학자 칸토어이다. 우리가 수학의 황제라고 부르는 가우스조차 무한에 대한 거부감을 표시하곤 했다.

그러나 지금 우리는 칸토어의 무한이론을 따르고 있다. 만약 칸토어의 무한이론을 받아들이지 않으면 심각한 문제가 발생한다.

1/3=0.33333⋯이다. 여기서
x=0.3333⋯
  =0.3+0.03+0.003+0.0003+⋯
  =0.3+0.1(0.3+0.03+⋯)

$x = 0.3 + 0.1x$

$0.9x = 0.3$

$x = \dfrac{1}{3}$ 이다.

위에서 전개한 식과 똑같이 계산했음을 확인하기 바란다. 즉 전체가 부분과 같을 수 있다는 무한에 대한 새로운 관점을 수용하지 않으면 우리는 $\dfrac{1}{3} = 0.3333\cdots$ 과 같은 초보적인 계산조차 할 수 없다.

이 사실을 인정한다면 우리는 다음의 사실도 받아들여야 한다.

$\dfrac{1}{3} = 0.33333\cdots$

양변에 3을 곱하면

$1 = 0.99999\cdots$ 이다.

수학의 본질은 자유

전체와 부분 사이의 관계를 극적으로 보여주는 것이 집합이다. 자연수의 집합과 짝수의 집합이 있다고 하자.

당연히 자연수의 집합이 크다고 생각할 수 있다.

그런데 19세기 후반 칸토어는 다르게 생각했다. 자연수와 짝수가 모두 무한 집합이므로 그 크기를 말할 때 다른 기준을 적용해야 한다고 생각했다. 즉 자연수와 짝수가 1:1로 대응하면 크기가 같다고 생각하자는 것이다.

자연수의 집합 A가 있고 짝수의 집합 B가 있다. A와 B가 일대일로 대응하는가? 그렇다. A와 B에서 아무 수나 꺼내도 좋다. 자연수의 집합 A에서 3을 꺼냈다면 짝수의 집합 B에서는 6이 대응한다. 짝수의 집합 B에서 8을 꺼냈다면 이는 자연수 집합 A의 4와 대응한다. A와 B에서 어떤 수를 꺼내도 동일한 결과가 나타난다. 여기서도 위에서 부딪혔던 동일한 문제가 발생한다. 자연수가 전체이고 짝수는 자연수의 부분인데 자연수와 짝수가 같다고 보는 것이다.

의문은 이런 식으로 수학을 해도 좋은가에 있다. 실제로 19세기 수학자들은 칸토어의 이런 태도에 대해 불만을 가졌다. 이에 대해 칸토어는 '수학의 본질은 자유'라고 주장한다. 여기서도 공리주의의 흔적을 발견할 수 있다. 수학은 자연현상과 일치해야 한다는 의무가 없다. 따라서 수학에서는 칸토어처럼 무언가를 새롭게 정의하고 논리를 전개하는 것이 허용된다.

수학이 자유롭게 상상하는 학문이지만 아무렇게나 해도 괜찮다면 수학을 할 이유도 사라질 것이다. 따라서 수학에 가해지는 유일한 제약은 게임의 룰을 자유롭게 정하되 그 룰이 일관되게 지켜져야 한다는 것이다. 게임의 룰의 형식적 일관성, 이것이 수학의 결정적인 특징이다.

명제. 컴퓨터. 인공지능

명제

'파충류는 귀엽다는 문장이 있다' 이건 명제일까 아닐까? 학교 수학에서 따르면 위 문장은 명제가 아니다. 파충류가 귀여운가 아닌가는 사람마다 다르기 때문이다. 이런 당연한 질문을 던지는 이유는 인간의 사고기능을 기계에게 시키기 위함이다. 달리 말하면 컴퓨터를 만들기 위함이었다.

2+3=7인 문장이 있다. 이것은 명제이다. 거짓이지만 판단이 가능하기 때문이다. 컴퓨터에게 2+3=7인 문장을 주면 컴퓨터는 이 문장이 틀렸다고 답을 한다. 반면 파충류는 귀엽다라는 문장을 컴퓨터에게 주면 참인지 거짓인지 판단을 못하고 렉이 걸릴 것이다.

컴퓨터는 해야 할 일을 무수한 참 거짓으로 구성된 문장으로 쪼개어 참 거짓을 전기의 on, off로 바꾸어 계산하는 것이다. 따라서 해야할 일을 참 거짓으로 구분할 수 있는 기본적인 문장으로 쪼개는 것이 매우 중요한 작업이었다. 명제는 그런 목적에서 고안된 수학이다.

진화하는 과정

컴퓨터가 아니라 인간의 관점에서 '파충류는 귀엽다'는 문장을 판단하면 어떨까? 이 문장을 참 거짓으로 구분할 수 있을까? 일정한 예외가 있겠지만 대부분의 사람에게 파충류가 귀엽다는 문장은 거짓이다.

인류는 아프리카 열대우림-사바나에서 진화했다. 열대우림의 숲 천장에서 살던 원숭이 무리가 기후가 덥고 건조해지며 생겨난 사바나 초원에 적응하는 과정에서 현재 인류가 된 것이다. 따라서 우리 선조에게는 열대우림 시절의 자연환경이 세팅되어 있다. 열대우림이라면 뱀 무리가 매우 큰 위협이 되었을 것이다. 많은 문명권에서 뱀에 대한 부정적인 기억이 남아 있는 것은 이런 이유 때문이다.

즉 파충류가 귀엽다는 문장은 진화의 관점에서 보면

거짓이다. 현대 인류로 진화하는 과정에서 파충류를 두려워하고 혐오하는 감정을 보편적인 심성으로 발전시켰을 가능성이 크다.

참 거짓으로 구분할 수 있는 명제

해야할 일을 참 거짓으로 쪼개어 명제로 구성하는 작업은 수학을 비롯한 많은 학문의 기본적인 테크닉이다. 물질을 원자와 분자로, 인간을 세포로 나누고 기본적인 요소와 이들 사이의 연관을 파악하는 방식을 통해 대상 전체를 이해하는 것이 서양 학문의 기본적인 방법론이다. 이를 요소주의. 환원주의라 한다.

컴퓨터 과학에서 명제가 갖는 의의도 그러했다. 컴퓨터 과학의 경우도 발전 초기에는 이런 방식으로 거대한 성공을 이뤘다. 컴퓨터는 인간은 감당하기 어려운 원주율, 미사일의 탄도 계산을 순식간에 해치웠다. 이것이 가능했던 이유는 무언가를 명료히 정의하고 참 거짓으로 구분할 수 있는 명제로 나눌 수 있었기 때문이다. 대상이 모호하고 애매한 경우는 그런 식의 방법이 적용될 수 없었다. 개와 고양이 사진을 구분하는 것, 파충류가 귀여운가 그렇지 않은가 등 인간이 개입된 너무나 많은 문제들이 그러했다.

인공지능

1950년대 개와 고양이 사진을 구분하는 단순한 문제에서 벽에 부딪치자 학자들은 뇌를 모방하기 시작한다.

인간은 개와 고양이를 명료히 정의하고 그에 기초해 판단하기보다는 개와 고양이 사진을 잘게 쪼갠다. 가령 사진 한 장을 가로 세로 100등분씩 총 10,000개의 픽셀로 나눌 수 있다. 이제 사진은 10,000개의 요소로 분해되었고 각 요소를 특징짓는 수치를 부여할 수 있다. 그리고 이런 특징들을 수학적으로 처리하여 최종 결과 값을 수치로 정리할 수 있다. 만약 결론이 75% 정도 고양이 사진이라고 한다면 우리는 사진을 고양이 사진으로 확정하는 것이다. 이것이 인공지능이다.

명제는 대상을 명료히 정의하려 노력하지만 인공지능은 어떤 특징을 개략적인 수치로 처리한다. 전자는 대상에 대한 상당한 이해가 필요하고 명료히 정의할 수 없다면 진도를 나갈 수 없지만 후자는 모호함, 애매함이 있더라도 진행할 수 있다. 후자가 훨씬 유연하고 활용폭이 큰 반면 모호하고 애매한 전 과정을 지탱해줄 데이터가 많아야 한다. 인공지능이 2000년대 후반에 와서야 돌파구가 열린 것은 이 때문이다.

숫자의 조합인 행렬

　명제와 인공지능과 관련해서 본질이 무엇인가에 대해 생각해 볼 필요가 있다. 명제에서 대상의 본질은 정확한 정의이다. 사람의 본질은 우리가 사람에 대해 어떻게 정의하는가에 달려 있다. 반면 인공지능과 같은 관점이라면 본질은 대상을 여러 개로 분해한 후 그 특징을 추출했을 때 나타나는 숫자의 조합이다.

　고양이 사진을 판독하는 장면을 돌아보자. 고양이 사진은 100, 1000, 10,000개의 요소로 구분될 것이다. 그리고 각각의 사진 일부분에 담겨 있는 색깔, 모양 등을 수치로 전환하고 이들 수치는 숫자의 조합인 행렬로 나타난다. 알고리즘을 통해 사진이 55% 정확도를 갖는 고양이 사진이라는 결론이 났다고 한다면 이 결론은 우리가 이러저러하기 때문에 이 사진은 고양이 사진이다라고 판단하는 전통적인 방식과는 매우 결이 다르다.